中国建造概论

ZHONGGUO JIANZAO GAILUN

主 编　雷晓燕　高 露

副主编　曾 虹　蒋云锋　袁 俊　吕 佳　罗 丹

主 审　龚群英　宋 星

U0190530

重庆大学出版社

内容提要

本书聚焦中国建造主题，内容包括中国建筑史、公共建筑、中国桥梁、清洁能源、轨道交通、国际工程6个专题，通过介绍各专题的基本概况，分析工程建设中的经典案例，解读工程背后的感人故事，让显性教育和隐性教育相统一，将价值塑造、知识传授和能力培养三者融为一体，是对培养什么人、怎样培养人、为谁培养人的回答。

本书源于建筑专业院校的课程思政教育教学实践，通过深入挖掘思政元素，有机融入教学，达到润物无声的育人效果，从而引导所有课程都承担好育人责任，守好一段渠、种好责任田，与思政课程同向同行，形成协同效应，构建全员全程全方位育人大格局。本书适合作为高等职业教育土木建筑类专业的通识课程教材使用，也可作为建筑类从业人员培训教材或自学读物。

图书在版编目（CIP）数据

中国建造概论 / 雷晓燕, 高露主编. -- 重庆：重庆大学出版社, 2021.10

高等职业教育土建类专业通识课程教材

ISBN 978-7-5689-2995-0

Ⅰ.①中… Ⅱ.①雷…②高… Ⅲ.①建筑工程—中国—高等职业教育—教材 Ⅳ.①TU

中国版本图书馆CIP数据核字（2021）第215181号

中国建造概论

主　编：雷晓燕　高　露
副主编：曾　虹　蒋云锋　袁　俊　吕　佳　罗　丹
主　审：龚群英　宋　星
策划编辑：林青山
责任编辑：陈　力　　版式设计：林青山
责任校对：刘志刚　　责任印制：赵　晟

重庆大学出版社出版发行
出版人：饶帮华
社址：重庆市沙坪坝区大学城西路21号
邮编：401331
电话：（023）88617190　88617185（中小学）
传真：（023）88617186　88617166
网址：http://www.cqup.com.cn
邮箱：fxk@cqup.com.cn（营销中心）
全国新华书店经销
印刷：重庆升光电力印务有限公司

开本：787mm×1092mm　1/16　印张：12.5　字数：259千
2021年10月第1版　　2021年10月第1次印刷
ISBN 978-7-5689-2995-0　定价：45.00元

编委会

审定委员会

前言
FOREWORD

引人以大道　启人以大智

2016年12月，习近平总书记在全国高校思想政治工作会议上强调"要坚持把立德树人作为中心环节，把思想政治工作贯穿教育教学全过程，实现全程育人、全方位育人，努力开创我国高等教育事业发展新局面。"总书记指出"要用好课堂教学这个主渠道，思想政治理论课要坚持在改进中加强，提升思想政治教育亲和力和针对性，满足学生成长发展需求和期待，其他各门课都要守好一段渠、种好责任田，使各类课程与思想政治理论课同向同行，形成协同效应。"

为深入贯彻全国高校思想政治工作会议精神，落实"立德树人"的根本任务、培养大批思想政治素质过硬的技术技能人才，重庆建筑工程职业学院开展了思政课程和课程思政的改革创新，开设《中国建造》思政课和全面推广课程思政，展示我国工程建设方面的成果，解读工程背后的感人故事，重点培育学生求真务实、实践创新、精益求精的精神，培养学生踏实严谨、吃苦耐劳、追求卓越等优秀品质，使学生成长为心系社会并有时代担当的高素质应用型人才。将价值导向与知识传授相融合，在知识传授、能力培养中，弘扬社会主义核心价值观，传播爱党、爱国、积极向上的正能量，培养科学精神。

本教材反映了我校课程思政改革及教学研究工作的阶段性成果。教材以中国建造为主题，包含中国建筑史、公共建筑、中国桥梁、清洁能源、轨道交通、国际工程 6 个专题，每个专题包括基本情况、典型工程、工程背后的故事三个部分。通过梳理工程背后的故事将思想政治教育元素有机融入建筑类专业课堂教学，在蕴含专业知识的基础上，重视发挥专业课的思政育人和价值引领功能，实现知识传授与价值引领的统一，真正回归教育的本质，是对"培养什么人""为谁培养人"的思考与回答。

　　教材由重庆建筑工程职业学院一线教师编写，编写过程中倾注了编者大量的心血，有的还融入了独到的见解和心得。学校领导高度重视，多次组织编者开展编审会，反复讨论，几易其稿，最终形成现有教材，既是教师个人研究的成果，也是集体智慧的结晶。同时，本教材也是"重庆建筑工程职业学院教材建设基金"资助项目。

　　在本教材编写过程中，我们参阅了大量的书刊和网络资料，汲取了有关论著的最新成果，得到了有关专家的悉心指导和热情关怀，在此一并致谢。

　　由于编者知识所限，教材中仍然存有许多需要进一步深化研究、修改完善的地方，敬请各位专家和使用本教材的老师和同学们批评指正。

编　者

2021 年 5 月

目录
CONTENTS

第 4 章 清洁能源

——美丽中国建设的动力

第 5 章 轨道交通

——惊艳世界的中国速度

第 6 章 国际工程

——新时代中国对外开放的新名片

第1章

中国建筑史
——中华民族文明发展的历史见证

"建筑是什么，它是人类文化的历史，是人类文化的记录，反映着时代精神的特质……一切工程离不开建筑，任何一项建设，建筑必须先行，建筑是一切工程之王。"

——梁思成

导　读

中国古典建筑是中国传统文化的重要组成部分，它寄托了古人的理想、文化、思想和对未来的憧憬，其文化内涵丰富多彩。

其一，中国古典建筑作为一种建筑的技法，是一种独特的代表中国文化和中国特色的建筑体系，与西方建筑及其他的建筑流派可以截然区分；其二，中国古典建筑作为文化遗产，是祖先们创造的物质财富，展现了历史上各个时代的思想和智慧的精华；其三，中国古典建筑承载着历史信息的遗存，每一座古建筑都相当于一本古老的史书，记载着历史上的政治与人类的离合悲欢；其四，中国古典建筑是中华民族的创造力和改造自然的产物。从人与自然关系的角度来讲，古典建筑是先民利用自然的木、石等其他的材料进行再创作，组成新的创造品，同时也是反映中华文化魅力的艺术品，蕴含了壁画艺术、雕塑艺术等各种艺术门类于其中，能反映我们中华民族和中华文化的审美。

学习中国古典建筑对提升学生的综合素质、扩大学生知识范围，进而加深学生对中华民族的优秀遗产和文化的认同与热爱，进一步弘扬中国优秀传统文化等具有重要的意义。

1.1　中国古典建筑基本知识

1.1.1　什么是建筑

谈到建筑，世界上的每个人都有自己的体验和认知，建筑是人们生活中不可或缺的一部分，每个人一生中都会接触各种各样的建筑，那建筑是不是就是众多的房子呢？显然不是，那到底什么是建筑呢？

《易经·系辞传下》曰"上古穴居而野处"。早在原始社会，人们就用树枝、石块构筑巢穴，用来躲避风雨和野兽的侵袭，开始了最原始的建筑活动；部落和阶级萌生后，出现了宅院、庄园、府邸和宫殿；各类信仰出现后，出现了供生者亡后"住"的陵墓以及神"住"的庙堂；随着生产的进一步发展，出现了作坊以及现代化的大工厂；伴随着商品交换的产生，出现了店铺、钱庄乃至现代化的商场、交易所、银行、贸易中心；交通发展了，出现了从驿站、码头到现代化的车站、港口、机场；科学文化发展了，又出现了私塾、书院以及近代化的学校、科学研究中心。

图1-1　穴居、巢居的原始形态

（图片来源：《建筑设计初步》，罗雪）

　　所以，总的来说，从古至今建筑的目的总不外乎取得一种供人们从事各类活动的环境。人们随着活动内容的改变而构筑不同的建筑内部空间，来满足自身的需求，不同的建筑内部空间又被包含于周围的建筑外部空间中。建筑正是以它所形成的各种内部的、外部的空间，为人们的生活创造了工作、学习、休息等多种多样的环境。

　　在建筑的建造过程中，离不开建筑材料和建造技术。远古时期，人们采用自然界最易取得、或在当时加工最方便的材料来建造房屋，如泥土、木、石等，出现了石屋、木骨泥墙等简单的房屋。随着生产力的发展，人们逐渐学会了制造砖瓦，利用火山灰制作天然水泥，提高了对木材和石材的加工技术，并掌握了构架、拱券、穹顶等施工方法，使建筑变得越来越复杂和精美。特别是进入工业时代后，生产力迅速提高，钢筋混凝土、金属、玻璃、塑料逐渐代替砖、瓦、木、石，成为最主要的建筑材料。科学的发展已使建造超高层建筑和大跨度建筑成为可能，各种建筑设备的采用极大地改善了建筑的环境条件，建筑正以前所未有的速度改变着自身面貌。

　　近现代建筑理论认为，建筑的本质就是空间，正是由于建筑通过各种方式围合出可供人们使用的空间，建筑才有了重要意义。这一点在我国古代思想家老子的著作《道德经》中也有提及。

"凿户牖以为室，当其无，有室之用。故，有之以为利，无之以为用。"

图1-2　老子与《道德经》

（图片来源：《建筑设计初步》，罗雪）

意思是说开凿门窗造房屋，有了门窗、四壁中空的空间，才起到房屋的作用。所以"有"（门窗、墙、屋顶等实体）对人们的"利"（有用之处），是通过"无"（即中空的空间）来实现的。

同时，在人们的生活中也有一些特殊的建筑，比如纪念碑、凯旋门、桥梁、水坝、城市标志物等，它们对城市环境有着重要的价值。这些没有内部空间的建筑称为构筑物，建筑是所有建筑物和构筑物的总称。

建筑的集中形成了街道、村镇和城市。城市的建设和个体建筑物的设计在许多方面的道理是相通的，它实际上是在更广的范围内为人们创造各种必需的环境，这种工程叫作城市设计。在城市设计之前，需要对城市的选址、人口控制、资源利用、功能分区、道路交通、绿化景观以及城市经济、城市生态环境等一系列影响人居的问题进行良好的规划，这个工作称为城市规划。

人们几千年的建筑实践已证明，任何建筑都会诚实地反映其所处的时代。建筑和社会的生产生活方式有着密切的联系，它像一面镜子一样反映人类社会生活的物质水平和精神面貌，反映它所存在的那个时代。

1.1.2 中国古典建筑基本知识

1）中国古典建筑概述

我国是一个幅员辽阔、历史悠久的多民族国家，我国古代文化曾经在世界历史上有着极其丰富而辉煌的成就，中国古代建筑就是其中的重要部分。我们的祖先和世界上其他古老民族一样，在上古时期都是用木材和泥土建造房屋，但后来很多民族都逐渐以石料代替木材，唯独我国以木材为主要建筑材料已有五千多年的历史了，它形成了世界古代建筑中的一个独特体系。这一体系从简单的个体建筑到城市布局，都有着自己完善的做法和制度，形成了一种完全不同于其他体系的建筑风格和建筑形式，是世界古代建筑中延续时间最久的一个体系。历史上这一体系除了在我国各民族、各地区广为流传外，还影响到日本、朝鲜和东南亚的一些国家，是世界古代建筑中传布范围广泛的体系之一。

我国古代建筑在技术和艺术上都达到了很高的水平，既丰富多彩又具有统一风格，留下了极为丰富的经验。学习这些宝贵的遗产，可以为今后的设计和创作提供启发和借鉴。

我国古代建筑的发展演变，可以从近百年以前上溯到六七千年以前的上古时期。在河南安阳发掘出来的殷墟遗址，是商代后期的都城，那时是我国奴隶社会时期，距今已有三千多年了。遗址上有大量夯土的房屋台基，上面还排列着整齐的卵石柱础，并留有木柱的遗迹。我国传统的木构架形式在那时已经初步形成。从公元前 5 世纪末的战国时期到清代后期，前后共有两千四百多年，是我国封建社会时期，也是我国古代建筑逐渐成熟，不断发展的时期。

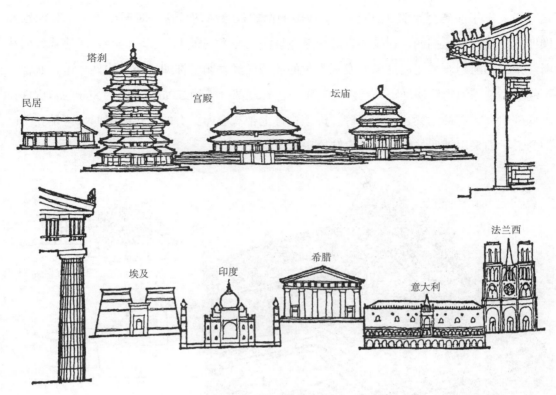

图 1-3 我国古代木构架建筑体系与其他国家以石料代替木材的建筑体系

（图片来源：《建筑设计初步》，罗雪）

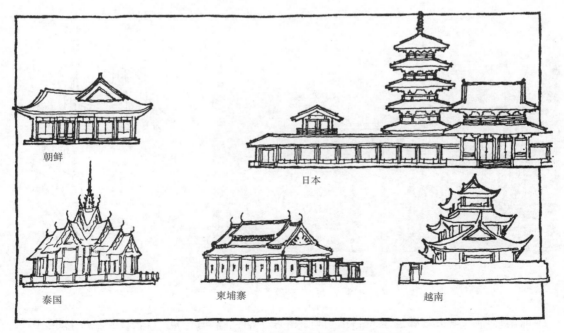

图 1-4 我国古代建筑对亚洲各国的影响

（图片来源：《建筑设计初步》，罗雪）

六七千年前到公元前 21 世纪，是我国的原始社会时期，这一时期出现了木骨泥墙和榫卯木建筑构件。例如，在陕西省的半坡遗址中已经发现了木骨泥墙的半穴居建筑，而在浙江余姚的河姆渡文化遗址中已发现当时的人们已经发明了榫卯木建筑构件，这是非常了不起的事情。河姆渡遗址距今约六七千年，已发掘部分长约 23 m、进深约 8 m 的木构件，木构件遗存物有柱、梁、枋、板等，许多构件上带有榫卯，有的有多处榫卯。这是我国已知的最早的采用榫卯技术构筑的木结构房屋实例。

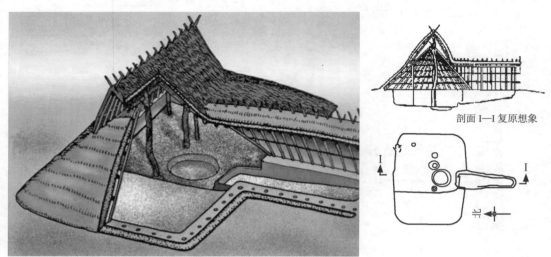

剖面 I—I 复原想象

图 1-5　西安半坡村原始社会方形房屋

（图片来源：《建筑设计初步》，罗雪）

柱枋榫卯

销钉孔

栏杆构件

柱头及柱脚榫

企口板

图 1-6　浙江余姚河姆渡干阑式建筑

（图片来源：《建筑设计初步》，罗雪）

河南偃师二里头宫殿遗址是目前可确认的我国最早宫城遗址，它表明夏朝时期我国传统建筑的院落式布局已经开始形成。三千年前的商周时期是中国的奴隶制社会，这个时期中国传统木构架建筑形式已经基本确定。河南省安阳发掘的殷墟遗址中发现了建造与夯土台基上的卵石柱础和木柱痕迹。2007 年浙江良渚发掘的古城有力地证明，这一时期，城市作为人类聚居地也有了较大的发展。可以说，从夏商周到战国时期，中华的建筑文明之花正含苞待放。

秦汉时期被认为是中国建筑逐渐走向成熟的发端，"秦砖汉瓦"代表了当时建筑材料和构造的发展水平，在这个时期，中国已经有了完整的廊院和楼阁，建筑从上至下分为屋顶、屋身和台基，这也奠定了日后中国古建筑的基本雏形。作为重要的承重构件斗拱也出现了，斗拱帮助建筑的屋顶向四面延展并科学地将荷载传递给梁柱。

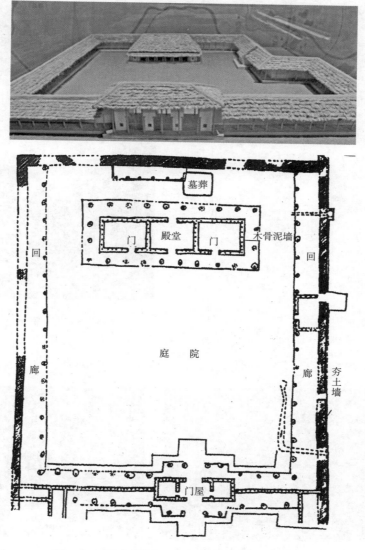

图 1-7　河南偃师二里头宫殿遗址复原效果

（图片来源：《建筑设计初步》，罗雪）

图1-8　汉代出土的明器，可见斗拱已成为楼阁中的主要构件

（图片来源：《建筑设计初步》，罗雪）

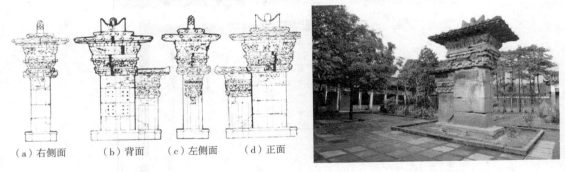

（a）右侧面　　（b）背面　　（c）左侧面　　（d）正面

图1-9　雅安高颐阙石建筑在东汉得到快速的发展，表现在石墓、

崖墓的发展以及墓阙、墓祠、墓表、石兽、石碑

（图片来源：《建筑设计初步》，罗雪）

图1-10　登封嵩岳寺塔

（图片来源：《河南古塔》，龙志远）

图1-11　云冈石窟

（图片来源：《建筑设计初步》，罗雪）

在魏晋南北朝时期（公元 220—589 年），佛教、道教迅速传播，佛教建筑、佛塔出现了，使寺庙、塔和石窟建筑得到较大发展，产生了灿烂的佛教建筑和佛教艺术。中国的佛教由印度经西域传入内地，初期佛寺布局与印度相仿，而后佛寺进一步中国化，不仅把中国的庭院式木架建筑使用于佛寺，而且使私家园林也成为佛寺的一部分。

北魏时期建造的河南登封嵩岳寺塔，为 15 层密檐砖塔，是现存最古老的一座砖塔（图 1-10）。自印度传入佛教后，开凿石窟的风气在全国迅速传播开来（图 1-11）。

唐代是我国封建社会最繁盛的时期之一，这一时期的农业、手工业的发展和科学文化都达到了前所未有的高度，是我国古代建筑发展的成熟时期。山西五台山的佛光寺大殿（公元 857 年）被认为是我国现存时代最早、最完整的能够反映唐代建筑风貌的木构架建筑，如图 1-12 所示。

佛光寺大殿单层七间，斗拱雄大，比例和设计无比雄伟庄严。大殿建于公元 857 年，是公元 845 年全国性灭法后的数年。佛光寺大殿是唯一留存下来的唐代建筑，而唐代是中国艺术史上的黄金时期。寺内的雕塑、壁画饰带和书法都是当时的作品。这些唐代艺术品聚集在一起，使这座建筑物成为中国独一无二的艺术珍品。

唐代以后形成五代十国并列的形势，直到北宋又完成了统一，社会经济再次得到恢复发展。这一时期总结了隋唐以来的建筑成就，制订了设计模数和工料定额制度，编著了《营造法式》，由政府颁布施行。这是一部当时世界上较为完整的建筑著作。

北宋画家张择端绘制的《清明上河图》（图 1-13），生动记录了中国 12 世纪北宋都城东京（又称汴京，今河南开封）的城市面貌和当时社会各阶层人民的生活状况。手工业的繁荣推动里坊制解体后，东京街头呈现出一派繁荣的景象。

辽、金、元时代，建筑沿袭并保持了唐代的传统。

中国古代建筑在明清时期走向了另一个高潮，现存很多古建筑都是这个时期留下来的。比照唐代建筑，明清时期的建筑更加注重彩绘等装饰，特别是清朝时期的建筑极尽装饰繁华之事。

近百年来，由于我国社会制度发生了根本的变化，封建制度解体，新的功能使用要求和新的建筑材料、技术，促使建筑传统形式发生了深刻的变化，但是古代建筑中的某些设计原则、完美的建筑艺术形象，在今后的建筑发展中仍将得到继承和发扬。

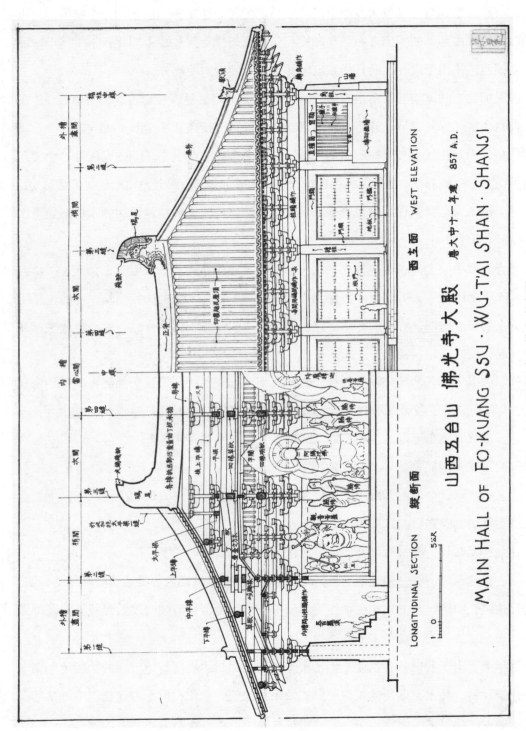

图1-12 山西五台山佛光寺大殿

（图片来源：《中国建筑史》，梁思成）

图 1-13　《清明上河图》局部

（图片来源：《建筑设计初步》，罗雪）

图 1-14　北京天坛祈年殿

（图片来源：《建筑设计初步》，罗雪）

2）中国古典建筑的地方特色和多民族特征

　　我国幅员辽阔，不同地区的自然条件差别很大。长期以来，不同地区的劳动人民根据当地的条件和功能的需要来建造房屋，形成了各地区建筑的地方特点。由于各地区采用不同的材料和做法，因而形成了多种多样的建筑外形。

　　此外，我国是一个多民族的国家，汉族人口占 90% 以上，此外还有 50 多个少数民族，各民族聚居地的自然条件不同，建筑材料不同，生活习惯不同，又有着各自的不同宗教和文化艺术传统，因此，在建筑上表现出了不同的民族风格和地方特点。

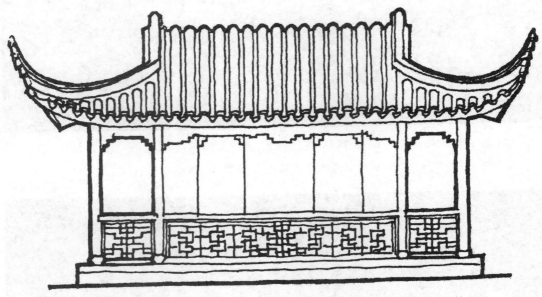

图 1-15　南方地区气候温暖，墙较薄屋面轻，木材用料也比较
细，建筑外形相应轻巧玲珑
（图片来源：《建筑设计初步》，罗雪）

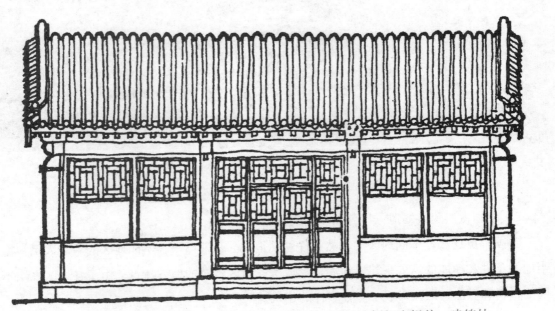

图 1-16　北方寒冷地区的墙较厚而屋面较重，用料比例相应粗壮，建筑外
形也就显得浑厚稳重
（图片来源：《建筑设计初步》，罗雪）

蒙古包，北方游牧民族有便于迁徙的轻木骨架覆以毛毡的毡包式居室

甘肃、新疆人民居住的干旱少雨地区有土墙平顶或土墙拱顶的房屋

黄河中上游利用黄土断崖挖出横穴作居室，称为窑洞

画家吴冠中笔下的徽州民居

重庆的巴渝民居，建筑群落因地制宜高低错落布置

川藏碉楼，片石、黄泥信手砌成

福建客家土楼，坚固、安全、封闭，合族聚居

黎族船型屋，低干阑，半圆形船篷顶，无墙无窗，前后有门，圆拱造型利于抵抗台风，防湿、防瘴、防雨

图 1-17 各地区典型特色建筑

（图片来源：《建筑设计初步》，罗雪）

3）中国古典建筑基本特征

（1）建筑外形的特征

中国古代建筑外形上的特征最为显著，它们都具有屋顶、屋身和台基三个部分，而各部分的造型与世界上其他建筑迥然不同，这种独特的建筑外形，完全是由建筑物功能、结构和艺术的高度结合而产生的。

沈括的《梦溪笔谈》中记载了一段北宋都料匠喻皓《木经》中的文字——"凡屋有三分：自梁以上为上分，地以上为中分，阶为下分"。

图 1-18　中国古代建筑外形的三分特征

（图片来源：《建筑设计初步》，罗雪）

（2）建筑结构的特征

中国古代建筑主要采用的是木构架结构，木构架是屋顶和屋身部分的骨架，它的基本做法是以立柱和横梁组成构架，四根柱子组成一间，一栋房子由几间组成。

我国古代建筑中的斗拱不仅在结构和装饰方面起着重要作用，而且在制订建筑各部分和各种构件的大小尺寸时，都以它作为度量的基本单位。

斗拱由方形的斗、升，矩形的拱组成，一组斗拱称作一朵（宋）或一攒（清）。斗拱不仅在结构和装饰方面起着重要作用，而且是衡量建筑及构件尺度的计量标准，同时也是封建社会森严等级制度中建筑等级的象征。

斗拱在我国历代建筑中的发展演变比较显著。早期的斗拱比较大，主要作为结构构件。唐、宋时期的斗拱还保持这个特点，但到了明、清时期，它的结构功能逐渐减少，变成很纤细的装饰构件。因此，在研究中国古代建筑时，又常以斗拱作为鉴定建筑年代的主要依据。

中国古代建筑的质量都由构架承受，墙并不承重。我国有句谚语叫作"墙倒屋不塌"，就生动地说明了木构架的特点。

斗口是坐斗上承受昂翘的开口，作为度量单位的"斗口"是指斗口的宽度。

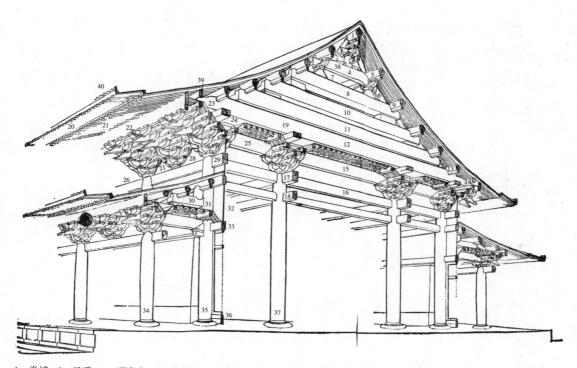

1—脊樽；2—叉手；3—顺脊串；4—平梁；5—上平樽；6—托脚；7—颮峰；8—四椽伏；9—中平樽；10—六椽伏；11—八椽伏；12—十椽伏；13—下平樽；14—牛脊串；15—月梁（六椽伏）；16—顺伏串；17—屋内额；18—由额；19—压槽方；20—飞子；21—檐椽；22—撩檐方；23—遮椽板；24—平棋方（标程方）；25—乳伏（月梁）；26—柱头铺作；27—补间铺作；28—拱眼壁；29—阑额；30—剖牵；31—平暗；32—照壁板；33—门额；34—副阶檐柱；35—殿身檐柱；36—地伏；37—殿身内柱；38—合榗；39—承椽方；40—燕颌板

图 1-19　宋《营造法式》厅堂大木作示意图

（图片来源：《建筑设计初步》，罗雪）

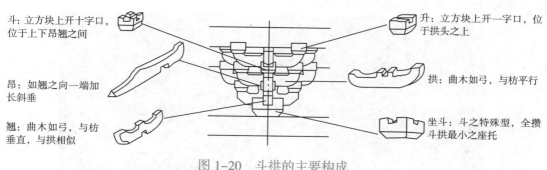

斗：立方块上开十字口，位于上下昂翘之间

升：立方块上开一字口，位于拱头之上

昂：如翘之向一端加长斜垂

拱：曲木如弓，与枋平行

翘：曲木如弓，与枋垂直，与拱相似

坐斗：斗之特殊型，全攒斗拱最小之座托

图 1-20　斗拱的主要构成

（图片来源：《建筑设计初步》，罗雪）

（3）建筑群体的特征

中国古代建筑如宫殿、庙宇、住宅等，一般都是由单个建筑物组成的群体。这种建筑群体的布局除了受地形条件的限制或特殊功能要求（如园林建筑）外，一般都有共同的组合原则，那就是以院子为中心，四面布置建筑物，每个建筑物的正面都面向院子，并在这一面设置门窗。

规模较大的建筑则是由若干个院子组成。这种建筑群体一般都有显著的中轴线，在中轴线上布置主要建筑物，两侧的次要建筑多作对称的布置（图1-22、图1-23）。个体建筑之间有的用廊子相连接，群体四周用围墙环绕。北京的故宫、明十三陵都体现了这种群体组合的组合原则，显示了我国古代建筑在群体布局上的卓越成就。

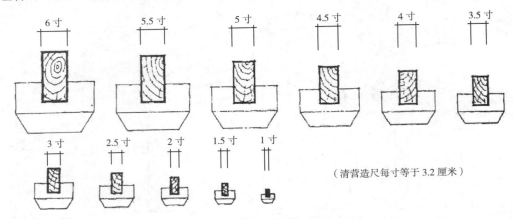

（清营造尺每寸等于3.2厘米）

图1-21 清式建筑斗口的十一个等级

（图片来源：《建筑设计初步》，罗雪）

（4）建筑装饰及色彩的特征

中国古代建筑上的装饰细部大部分都是由梁枋、斗拱、檩椽等结构构件经过艺术加工而发挥其装饰作用的。我国古代建筑还综合运用了我国工艺美术以及绘画、雕刻、书法等方面的卓越成就，如额枋上的匾额、柱上的楹联、门窗上的棂格等，既丰富多彩、变化无穷，又具有我国浓厚的传统的民族风格。

图1-22 故宫1

（图片来源：《建筑设计初步》，罗雪）

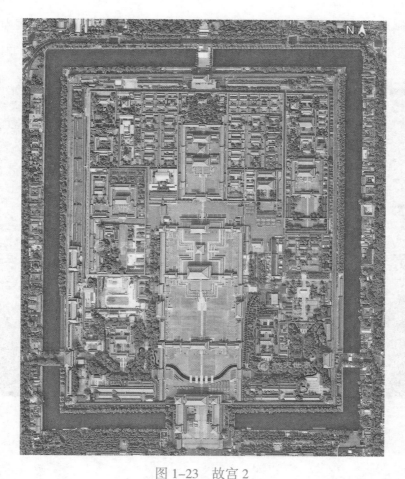

图 1-23　故宫 2

（图片来源：《建筑设计初步》，罗雪）

　　彩画是我国建筑装饰中的一种重要类型，所谓"雕梁画栋"正是形容我国古代建筑的这一特色。明清时期最常用的彩画种类有和玺彩画（图 1-24）、旋子彩画（图 1-25）和苏式彩画（图 1-26）。它们多做在檐下及室内的梁、枋、斗拱、天花及柱头上。彩画的构图都密切结合构件本身的形式，色彩丰富，为我国古代建筑增添了无限光彩。

图 1-24　和玺彩画

（图片来源：《建筑设计初步》，罗雪）

　　和玺彩画用于主要宫殿，以龙为主要题材，有金龙和玺、龙凤和玺、龙草和玺、金琢墨和玺。色彩主调，蓝绿相间，如明间上蓝下绿，次间则上绿下蓝，梢间再反过来。

图 1-25　旋子彩画

（图片来源：《建筑设计初步》，罗雪）

图 1-26　苏式彩画

（图片来源：《建筑设计初步》，罗雪）

4）中国古典建筑对世界建筑的影响

梁思成先生曾说，历史上每一个民族的文化都产生了它自己的建筑，随着这文化而兴盛衰亡。世界上现存的文化中，除去邻邦印度的文化可算是约略同时诞生的兄弟外，中华民族的文化是最古老、最长寿的。中国的建筑和中国的文明同样古老，我们的建筑也同样是最古老、最长寿的。

中国古建筑历史悠久，体系完整，以其独特的木结构体系屹立于世界建筑之林，是世界上延续历史最长、分布地域最广、风格非常鲜明的一个独特的艺术体系，与欧洲建筑、伊斯兰建筑并称世界三大建筑体系。对日本、朝鲜和越南等亚洲国家有着直接影响，17世纪以后，对欧洲也产生过重大影响。

日本文化深受中国文化影响，建筑的形式亦不例外，尤其是中世纪的日本建筑。其可分为三大样式，即和式建筑、唐式建筑及天竺式建筑。其中，所谓的唐式建筑即是源于中国宋元时期的建筑样式，而宋元文化中又以禅宗对日本的中世文化影响最大，故唐式建筑又称禅宗式建筑。此时中国文化的传入不但丰富了日本的宗教文化，更使日本的建筑文化迈入了一个新纪元，也使日本的各种艺术表现不论是建筑、庭园，还是传统茶道，都充满高度禅意，创造了一个寂静且充满冥想的空间，使人心更加清澈、单纯。

欧洲国家最早认识中国始于13世纪，意大利威尼斯商人旅行家马可·波罗随父、叔沿陆上丝绸之路前来东方，游历中国17年，以亲身经历撰述了《马可·波罗游记》。书中，中国以"东方乐土"的形象出现，描述了很多欧洲人从未见过的景象，如棋盘式布局的元代大都，雄伟、金碧辉煌的宫殿建筑，举止优雅身着丝绸的民众，治理国家的制度，以及遍地黄金、石炭等物质资源。这些描述引起西方人无限遐想，并激起了欧洲人对东方的热烈向往，同时激发了众多的航海家、旅行家、探险家东航寻访东方最富有的国家——中国的决心和勇气，如意大利的哥伦布、葡萄牙的达·伽马、鄂本笃，英国的卡勃特、安东尼·詹金森等。到16世纪欧洲至东方的航线开辟以来，以及洛可可艺术在西方的兴起，中国的瓷器、家具、丝绸等艺术品大量传入欧洲，使欧洲逐渐掀起了一股"中国风"，中国式宫殿、园林和佛塔等传统建筑样式通过旅行者、商人、传教士以及学者传播进入欧洲。"中国风"始于17世纪，在18世纪中叶达到流行的顶峰，19世纪之后逐渐消退。17至18世纪（清康乾盛世时期），欧洲大陆中国风，主要表现在艺术品、家具、室内装饰、建筑、园林设计中的中国元素和异域情调，此风格以法国、英国为引导，逐渐席卷其他欧洲国家。

持续约 2 个半世纪，至 18 世纪达到顶峰，其影响范围遍及整个欧洲，上至帝王，下到普通平民，都竞相模仿建造中国式的园林和宫殿。一些著名的建筑师还特意考察了中国的建筑，深入分析了中国的建筑艺术。如英国著名建筑师威廉·钱伯斯（1723—1796）曾亲自到过中国广州，目睹了大量的中国建筑。在此基础上，于 1757 年出版了《中国房屋设计》一书，后来于 1772 年完成出版了《东方园林概论》。到 19 世纪，"中国风"逐渐回落、消退，因欧洲诸国文化背景的差异，"中国风"并未将东方文化很好地融入西方建筑中，仅是模仿和搬用，引起他们重视的主要是中国建筑独特的造型，他们把中国建筑的外形及"元素"融入本国建筑中，后来发展到改造利用。也就是说，中国建筑所蕴含的文化意蕴并没有被欧洲所理解，或者说欧洲与中国本身就具有截然不同的文化背景，加之环境气候差异与建筑材料的使用，以木结构为主的中国建材不太适用于欧洲环境。所以，"中国风格"的建筑样式和元素在欧洲被改造利用以及 19 世纪"中国风"消退，也是必然的了。但迄今，"中国风"在西方国家仍有所体现。

如果说中国古建筑对亚洲的影响是文化基因的影响，那么对欧洲的影响当为时代及文化现象的影响，这些影响充分体现了强大的中华实力，更让我们有足够的底气坚定文化自信。

5）中国古典建筑保护的重要意义

中国的古典建筑，不但具有悠久的历史，而且以它独特的风格和传统在世界建筑史上占有重要地位，有着极高的艺术成就和科学价值。古建筑和其他一切历史文物一样，其价值就在于它是历史上遗留下来的东西，不可能再生产、再建造，一经破坏就无法挽回。因此，保护它们具有重要意义。

（1）古建筑是一种历史文化精神的载体

通过古建筑，可理解其丰富的文化内涵。在一定意义上，它们是某个城市"历史记忆的符号"和"城市文化发展的链条"，因为它们见证了这个城市几百年甚至上千年历史的沧桑变化。一旦破坏，就再难以恢复和接续。一座古代的建筑无论如何破旧，其内在的文化内涵与千年的历史痕迹是无法被替代的。反之，一座当代的仿古建筑无论在外形上做得多么神似，但如果内在的历史遗迹几乎为零，其文化内涵肯定无法达到与古迹相同的高度。

记录历史，展示文化，载托灵魂，就是古建筑的真正意义和价值。将古建筑的历史因素进行完整的传承与表达，便是今天古建筑保护的真正意义。因此，我们再去欣赏古建筑时不应只关注其外在的美学特征，更应透过古建筑的砖墙看到其内在的文化魅力。

（2）古建筑是启发爱国热情和民族自信心的实物

中国有着光辉灿烂的文化，而中国的古建筑艺术更是东方艺术的奇葩，它是老祖宗留下的富贵财富，是历史文化的见证，是我国广大劳动人民智慧的结晶。它不但完全独立于西方建筑体系，更影响着周边国家的建筑特色，形成了东方古典建筑体系。参观中国古代建筑不仅可以感悟到其独特的魅力，更可以让国人感受到中国古代文化的伟大，为我们曾创造出如此精湛的建筑艺术品而自豪。位于北京的故宫，建筑设计极为精湛，金碧辉煌的琉璃屋顶，莹白无瑕的玉石雕栏，殷红肃穆的宫墙殿柱蔚为壮观，使人感慨不已、浮想联翩。

（3）古建筑是发展旅游业的重要物质基础

经过长期努力，中国特色社会主义进入新时代，人民对美好生活的需要日益广泛，对文化生活提出了更高要求。古建筑在新时代要担当起文化休闲娱乐场所这样一个重要的历史使命。如果一个旅游目的地拥有独特的古建筑，那么该古建筑会在目的地形象中扮演一个非常重要的角色。古建筑资源本身拥有的巨大品牌效应，可提高远距离游客的到访率。随着我国对外开放力度的不断加大，这些名胜古迹吸引了越来越多的国内外友人纷纷前来参观游览，为促进城市旅游事业的发展创造了良好条件。与此同时，也带动了城市道路交通和服务行业等相关部门的迅速发展。由此可见，这些古建筑不仅是各地人民休闲、娱乐的场所，更是发展旅游事业的重要物质基础。

（4）古建筑是新建筑设计和新艺术创作的重要借鉴

中国的古建筑在艺术和技术上都达到了很高的水平，在世界建筑史上有着极其丰富而辉煌的成就，在建筑布局、材料、施工、艺术装饰、传统风格等方面，是几千年来无数工匠在长期建筑实践中积累下来的经验。这些古代技术成就，对现有的相关专业人员有着极大的启迪和示范作用，如中国古建筑木结构的构建原理和它独特的防震方法，对现代结构抗震技术的发展有着重大的意义。

1.2 典型建筑介绍

1.2.1 佛光寺东大殿

1）历史沿革

在山西省五台山脚下，坐落着一座名为豆村的小镇，在这样一个地理位置偏僻、环境荒芜的地方却深藏着一座千年古寺，古寺庄重而又静谧，气势辉煌，巍峨壮观，正是大佛光寺。佛光寺是在 1937 年日本侵略中国的炮声已经炸出弥漫硝烟的艰难岁月中，建筑大师梁思成、林徽因夫妇跋山涉水、苦苦寻觅的唐代遗构！它的存在印证了一代建筑学家的猜想，为今人提供了 1 000 多年前唐代建筑的实物，让我们看见了什么是唐朝！整个寺宇因地势建造，高低层叠，坐东向西。寺内唐代木构大殿、彩塑、壁画、墨书题记、金建文殊殿、魏唐墓塔、唐石经幢等，都是具有高度历史、艺术价值的珍贵文物。1961 年中华人民共和国国务院公布其为全国重点文物保护单位，2009 年被列入世界文化遗产名录。

据《古清凉传》及《广清凉传》推理得出，佛光寺应创建于北魏孝文帝时期太和二年至十三年之间（478—489 年），在我国佛教圣地五台山。在会昌五年（845 年）年间的灭法运动中遭毁灭，俗称"会昌法难"，后又在唐大中十一年（857 年）"宣宗复法"由长安女弟子宁公遇布施重建佛光寺东大殿，后陆续得到朝廷与民众的重视，相继进行修缮，金天会年间（1123—1135 年）又在原来的基础上重修了北面的配殿文殊殿。像这样历经宋、金、元、明、清多个朝代的修建，形成了今天我们所看到的佛光寺整体布局（图 1-27）。

图 1-27 佛光寺鸟瞰图（图片来源：有方）

2）概况及特点

（1）项目概况

梁思成在《中国建筑史》中写道："唐代木构之得保存至今，而年代确实可靠者，唯山西五台山佛光寺大殿一处而已"。佛光寺东大殿是佛光寺的正殿，在全寺最后一重院落中，位置最高。此殿是由女弟子宁公遇施资，愿诚和尚主持，在原弥勒大阁的旧址上，于唐大中十一年（857 年）建成的。为中国现存规模最大、结构保存最完整、艺术价值最高的唐代木构殿堂，被梁思成誉为"国内古建筑之第一瑰宝"。

大殿面阔七间，进深四间，单檐庑殿顶。平面设内、外柱两周，将殿身分作内、外槽，为宋《营造法式》中"金箱斗底槽"格局，主要塑像 35 尊位于面阔五间、进深二间的内槽之中，外槽则犹如一圈回廊。佛光寺东大殿的构架设计采用了既定的程式与手法来控制建筑的比例，并以柱网平面以及铺作层形式的变化作为内部空间构成的主要手段，体现了结构与艺术的和谐统一。

（2）建筑特色

① 斗拱与屋顶。东大殿单檐庑殿顶，屋顶举折平缓，正是我国早期建筑的标志之一，远远看去，仿佛一只雄硕的大鸟，权威、胸有成竹地打开了它的双翅（图 1-28）。由于屋顶坡度平缓，站在殿前是看不到顶面的，最抢眼的是檐下每个柱头上开出的结实的斗拱之花。它们的建筑学名称为"双抄双下昂七铺作"，斗拱的总高度相当于柱高的一半，这种坚实有力的支撑承托着伸出深远的屋檐，传递着梁架承载的殿顶荷重，将压力分解传递到各柱。它们比起后代如明清时期以装饰性为主的斗拱富有更多的结构性、力学性意义。

② 侧脚与生起。外层檐柱共有 22 根，每根直径 54 cm，粗壮结实壮观；柱头一律微微向内倾斜，建筑学称这种做法为"侧脚"；大殿四角的檐柱略略升高，使檐口的标高从明间分别向稍间逐渐抬升，形成了一条柔和、平缓的檐口曲线，建筑学上称为"生起"。正是"侧脚"和"生起"的设计，大大增加了佛殿的稳

图 1-28　佛光寺东大殿测绘图

（图片来源：知乎）

固性，同时又将大殿转角的屋檐高高挑起，形成了视觉上"斯翼如飞"的效果，使庄重、伟岸的殿身增加了灵动之感，这便是唐代建筑特有的轮廓线（图1-29）。

图1-29　有、无侧脚和生起的对比（图片来源：北京交大古建筑微信公众号）

③建筑平面。东大殿平面由檐柱（共22根）一周及内柱（共14根）一周围合而成，分为内外两槽。内外两圈柱子形成"回"字形柱网平面，这种平面称为"金箱斗底槽"（图1-30）。从现在的建筑结构来说，金箱斗底槽其实就是双套筒结构。佛光寺东大殿以及应县木塔都是采用这种建筑结构来建造的。今天很多超高层建筑的塔楼也是用这种方式来建造。这种方式在历史上被证明是非常坚固的。

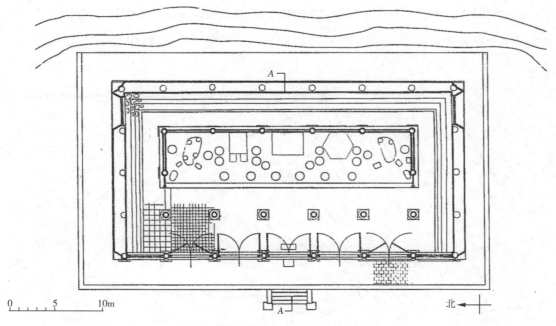

图 1-30　佛光寺东大殿平面图

（图片来源：《中外建筑史》，袁新华）

④平闇（天花）与叉手。殿内梁上装有平闇（即木方格样式的天花板，没有彩画纹样），将梁架隔为明和暗两部分（上为暗，下为明）。明部分制作得十分华美，六道加工成弯月状的月梁沿阑额方向一字排开，每道月梁下端均有左右两组自上而下逐级缩进的斗拱加以支撑，那种层层叠叠，整齐一律又变化多端的视觉形象，如同在头顶上方拉开了一道道帷幕（图 1-31）；正是在月梁下方有许多唐代题字，其中就有一款让梁思成先生大为激动、在建筑研究史上最有价值的题记，那段题记成就了一个里程碑式的幸福："我们一向抱着的国内殿宇必有唐构的信念，一旦在此得到一个证实了"。

图 1-31　佛光寺东大殿内槽平闇与月梁

（图片来源：有方）

在暗部分秘而不露的是大殿力学结构的核心。唐朝人的做法是在距房脊最近的第一道梁即平梁处安装大叉手（图1-32，图1-33），以此来承托殿顶的重力。后人的做法则是叉手、侏儒柱共用，直至不用叉手只用侏儒柱。东大殿为现存古建筑中仅使用叉手做法的孤例。

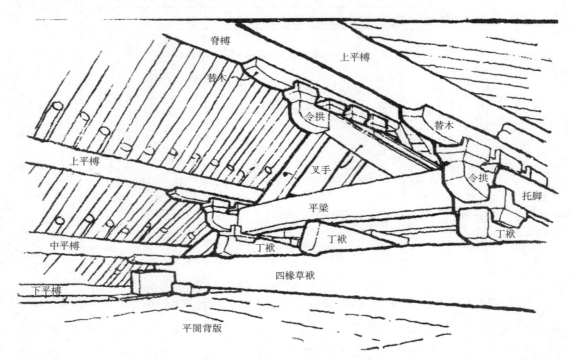

图1-32　佛光寺东大殿草栿（图片来源：百度）

图1-33　佛光寺东大殿叉手

（图片来源：有方）

⑤ 营建密码。说到中国古代建筑的营建，有一个关键词——模数制度。举例来说，中国古代建筑的建造很像现代工业化生产的流水线作业，所有的构件都是事先加工好，再到现场将这些木构件通过榫卯严丝合缝地对应拼装起来（类似于今天的装配式建筑），它的关键要求就是所有的构建要统一尺度，符合模数制度，统一所有构件尺度的这把尺子就称为营造尺，其模数单位就是材分。

可以把中国的古代建筑比喻为乐高积木。一块块很小的积木最后可以搭建成一个巨大玩具或建筑，其基本元素要求就是每一个乐高积木的模数完全一样，每两块乐高积木的点的间距是完全一样的，如果符合这个模数制度，那么我们就可以把成千上万个乐高积木拼装起来。

佛光寺东大殿代表的中国古建筑正是如此，只要使用统一的模数制度，就能将像东大殿这样一座有超过 3 000 个构件的建筑统一设计制作安装，而且能在很短的时间内将其建成，这也就是中国古建筑最重要的秘密，即它的营造密码。

（3）建筑价值

梁思成先生说："佛光寺一寺之中，寥寥几座殿塔，几乎全是国内建筑的孤例；佛殿建筑物，本身已经是一座唐构，乃更在殿内蕴藏着唐代原有的塑像、绘画和墨迹，四种艺术萃聚在一处，在实物遗迹中诚然是件奇珍"。佛光寺东大殿不仅是国内古建筑第一瑰宝，也是我国封建文化遗产中最可珍视的一件东西，说它是中华第一瑰宝也不为过。引用考古学的一个名词来说，佛光寺东大殿就是我国早期木结构建筑最重要的一件"标准器"，我们研究今天早期木结构建筑都需要将它与佛光寺东大殿进行比照。

佛光寺东大殿是由唐代晚期的高官贵胄捐资新建，建筑与佛像都由来自长安的工匠与高僧共同设计建造。它反映的建筑大木做法、材分制度、彩画制度都能与《营造法式》相互印证，反映了中国古建筑顶峰时期最高超的官式营造技艺。

今天的东大殿除了唐代始建时候的样貌，还能反映出在 1 000 多年之中，它的历次修缮痕迹、题记碑刻，塑像、壁画的添设，反映出东大殿的沧桑变化，体现出这 1 000 多年山西五台山地区宗教、经济、社会文化、建筑技术的发展和变迁。

3）背后的故事——慧眼匠心，建筑家夫妇执着寻梦

日本学者断言，中国已经不存在唐代的木结构建筑，要看这样的实物，只能去日本奈良。中国营造学社的前辈们却始终坚信中国还有唐代木构建筑存世。经过 6 年艰苦的野外调查，数次寻访山西，但是一直与唐代建筑擦肩而过。

1937 年的一天，梁思成再次细读法国人伯希和的《敦煌石窟图录》。这一次，有幅

壁画吸引了他的注意。壁画中描绘了佛教圣地五台山的全景，每座寺庙都标注了名称（图1-34）。其中，地处五台山外围的大佛光寺标注说明建于唐代。他又特意到北京图书馆查阅了《清凉山（五台山）志》，其中有关于佛光寺的文字记载。

图 1-34　敦煌壁画中的佛光寺
（图片来源：搜狐网）

梁思成记下了这一切。他对林徽因分析道：佛光寺不在五台山台怀这个中心区，交通不便，进香的信徒少，寺僧必定贫寒。那么，他们没有力量去修理改建寺庙，古建筑的原貌也许能侥幸保存下来。不过，从唐代到如今这么多事物都灰飞烟灭了，天灾人祸中，一个寺庙的命运谁又能说得了呢？

尽管如此，他们还是决定到五台山去碰碰运气。1937 年 6 月，梁思成、林徽因和营造学社的莫宗江、纪玉堂一起，再次深入山西考察。骑着骡子在荒凉的山道上颠簸，有些险峻的路段连骡子都不肯前进了，他们只好卸下装备，拉着骡子前进。翻山越岭，几经波折发现了这座遗存千年打破日本断言的寺庙——佛光寺。

他们于黄昏到达豆村，佛光寺矗立在豆村的一片高坡上，柔和的光影勾勒出它苍劲的轮廓。众人兴奋极了，只看那巨大、坚固而简洁的斗拱和高挑深远的屋檐，他们便可以得出这是一座年代久远的古建筑。

　　第二天一早，他们便开始了对佛光寺的测绘。从台阶、柱子、斗拱，最后到木构建筑最重要的屋顶部分。黑暗的屋顶藻井像是间黑暗的阁楼，藻井上是厚厚的积存了千年的尘土。屋檩上吊挂着成千上万只黑色的蝙蝠，藻井里到处爬满了密密麻麻的臭虫。梁先生他们戴着口罩，在呛人的尘土和难耐的秽气中一待就是几个小时。被惊扰的蝙蝠在他们身上飞来撞去，他们只顾得不停地测量、记录和拍照。当工作告一段落，从屋檐下钻出来换换空气时，他们才发现自己的身上和背包里已爬满了臭虫，浑身奇痒难耐（图 1-35）。

图 1-35　梁、林二人测绘佛光寺
（图片来源：有方）

　　东大殿建造时间的确认离不开林徽因。林徽因是一位远视眼，梁先生他们在忙着对东大殿做测绘、摄影的过程中，林先生注意到在梁架上有一些模糊的题记，找人擦拭后读出上面写有"女弟子宁公遇"的字样。林先生想起来，这与东大殿门前经幢上的文字可以对应，然后他们确认了经幢上写有"女弟子宁公遇"，并且有始建的时间。经幢上写着"大中十一年十月廿建造"。据此推断，东大殿就是建于唐大中十一年十月二十日。这样就明确地知道了东大殿的建造时间是 857 年十月二十日（图 1-36）。

　　确定东大殿的建造日期是在 1937 年的 7 月 5 日，也就是"七七事变"的前两天。佛光寺东大殿的发现，打破了日本学者关于中国没有唐构的断言，极大地振奋了中华民族的自信。

图 1-36　林徽因与宁公遇塑像合影（图片来源：网易）

佛光寺的发现标志着中国古代建筑文献学以及田野考察相结合的中国建筑史学研究方法的正式确立。从此，国人对建筑史学的研究反超了日本学者乃至海外其他学者对中国建筑史的研究，开始了独立建设中国建筑史学的新篇章。

"志之所趋，无远弗届"，正是因为这对建筑夫妇对理想的执着追寻和坚定不移的信念，才使得佛光寺不至于被历史淹没。在发现古建筑与对古建筑文物的保护之中，他俩都具有不可磨灭的功劳。古建筑文物是不可再生的历史文化资源，是国家文明的"金色名片"，是历史的见证与文化的传承，是社会和民族宝贵的物质和精神财富。21世纪的今天，人们越来越意识到对文物古迹的保护是对历史、文化的保护，是对优秀传统文化的传承，也对提升国民道德素养，增强民族凝聚力具有重要意义。这时，人们也许会经常回想起许多年前一对建筑家夫妇和他们一生的执念。

1.2.2　重庆湖广会馆

1）项目简介

（1）历史背景：移民文化的繁茂

重庆是一座典型的移民城市。从公元前316年秦灭巴蜀，到抗日战争时期国民政府迁都渝城，先后有六次对重庆具有重要影响的移民。而真正奠定了现代重庆人根基的一次移民则是从顺治末年到嘉庆初年跨越100多年历史的一次大移民，移民遍及中国十几个省，千里迢迢，举家迁徙入川，民间俗称"湖广填四川"。

明末清初，由于长时间、大规模的战乱，以及战乱带来的饥荒、瘟疫，导致四川哀鸿遍野，瘟疫横行，人口锐减，土地荒芜。为了恢复四川"沃野千里"的景象，清政府颁布了一系列移民垦荒的优惠政策，由此开始了一场历时百年的移民大潮。移民入川，迁徙路途遥远，历经千难万苦。入川的道路一般有两条：陆路和水路。从陕西、湖南、贵州等方向入川的移民分别要翻越秦岭、大巴山、武陵山、大娄山等险峻山脉。长江水道滩多水险，移民乘坐木船逆流而上，要经历十数日或数十日，而且还有船倾人覆之险。不管有多大的艰难险阻，移民们依然卖尽原籍家产，携家带口，历经数月长途跋涉，尝尽千辛万苦，来到四川安家置业。传说四川人爱缠头巾的习俗是因为当年移民过程太过于艰难，很多人不堪路途艰辛，死于半道。死人太多，活着的人便经常头缠孝布，天长日久，习以为常，孝布逐步演变成多用途的头巾。

经历了艰难的移民迁徙，各地移民带来了先进的农耕技术和丰富多彩的地域文化，在巴渝地区逐渐站稳脚跟、融入当地社会。康熙年间，移民们在巴蜀各地办厂开店，商业移民大大增加，促进了各省间的经济交流，同时带动了当地的经济复苏和振兴。乾隆嘉庆时期，重庆出现了"万家烟聚，坊厢廛市，傍壑凌崖，吴、楚、闽、粤、滇、黔、秦、豫之贸迁来者，集如蚁"的兴旺景象。

随着大批的移民进入重庆，远离家乡的同乡们聚在一起祭祀酬神，同时慰藉思乡之情、联络同乡情谊。在重庆站稳脚跟并积累起一定经济实力的移民商人便建立了以原籍地缘关系为纽带的同乡互助组织——会馆。会馆主要有为同乡提供寄居场所、弘扬乡土文化、维护同乡利益、举办各种联谊活动、参与地方事务、调解同乡纠纷、管理同乡共同财产等职能。重庆城先后建有九个省级会馆，即"八省会馆"和云贵公所。众多的会馆集中分布于东水门码头以内的一片街区，形成了规模宏大的会馆建筑群，显示出重庆当时商贸的繁荣，以及其作为西南贸易中心的经济地位。重庆"八省会馆"在历史上曾多次修复或重建，各地移民在文化上不断融合，最终形成了融合多种风格于一炉并具有巴蜀地域特点的湖广会馆建筑群。

移民社会意味着广纳百川、包容四海、兼收并蓄、共谋发展；移民精神意味着坚韧不拔、百折不回、勇于进取、敢于创新。正是经过几百年来不同地域、文化、血缘、民族的历史的大融合，才奠定了巴渝丰富多彩的文化底蕴，形成了当今重庆人耿直热情、坚忍顽强、吃苦耐劳、胸襟开阔的精神气质和性格特征。

（2）建筑特色

巴蜀地区地处山区，群山环抱，建筑也都体现出独特的山地建筑特色，而会馆通常是移民寻求归属感和慰藉思乡之情的场所。因此，会馆建筑既具有浓厚的地方传统特色，又体现了移民所带来的建筑风格。

① 彰显山地特色的建筑群布局特色。由于山地特殊地形的限制，三个会馆分别拥有各自的东西向主轴线，轴线上依次分布着戏楼、院坝、正殿、后殿等主体建筑。建筑间既彼此分隔，又互相关联，组合而成多个院落式空间，呈南北向沿长江排列（图1-37）。建筑群依山就势，修建在长江以北坡度为30°的坡地上，随着等高线的起伏和走向与环境融为有机整体。场地内部采用分层筑台的方式，建筑按地形高差分级布置，注重屋顶

的造型与层叠关系，形成了丰富的"第五立面"，营造了楼宇层叠、高低起伏的山地建筑风貌，塑造了优美动人的城市天际轮廓线。

图 1-37 湖广会馆建筑群风貌

（图片来源：笔者拍摄）

各个院落受自然环境的限制，又根据各自的规模，因地制宜，在高差几十米的坡地上，综合运用分层筑台、临坎吊脚等手法，灵活地构筑了层叠纵深的院落空间形态。同时，灵活运用了空间对比手法，利用地形、院落组织建筑，形成了丰富的空间体验。会馆内多组建筑在不同标高设置出入口与相邻建筑进行连接，为整个院落创造了多条游览路线和丰富的观赏视角，从每一个入口进入院落都能体验到不同的视觉和空间感受，在突出山地建筑适应性的同时，也使整个建筑空间的多变性、流动性更加突出。

②体现移民文化的建筑单体特色。为了适应不同的需要和空间特征，湖广会馆的建筑单体造型极为丰富。在建筑群中综合运用了硬山、歇山、卷棚、单坡等不同的屋面形式并结合不同的空间特征进行组合，达到丰富多变且重点突出的效果。湖广会馆共有四个戏台，根据不同的院落大小以及空间感受，采用的建筑形式和风格也各不相同。广东公所和齐安公所的戏台都位于建筑群的前端，且戏台院落较为开敞，特别是广东公所戏台规模较大，采用歇山样式，造型上与整体宏大的气势相匹配。禹王宫两所戏台均处于建筑群的后部，

且整个院落空间尺度较小，因此整体造型小巧灵动，与整个空间的尺度和环境相得益彰（图 1-38）。另外，在突现建筑宏大气势和显示建筑重要地位时也采用了勾连搭、如意斗拱等多种处理手法。

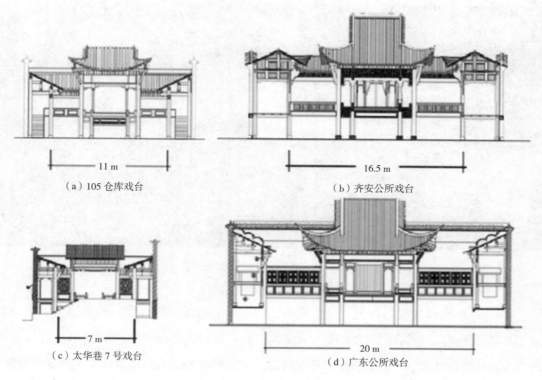

（a）105 仓库戏台　　　　　　　　　（b）齐安公所戏台

（c）太华巷 7 号戏台　　　　　　　　（d）广东公所戏台

图 1-38　各区戏台造型比较

（图片来源：《重庆湖广会馆历史与修复研究》，何智亚）

封火山墙的运用在湖广会馆的建筑中独具特色，采用了龙形山墙、"水"形山墙、"金"形山墙、变形后的"土"形山墙、五花山墙、猫拱背等，造型丰富多变。这些山墙不仅在高密度的建筑群中起到了防火的作用，同时对于丰富建筑造型、统一建筑风格、强化山地特色、形成优美的天际轮廓线起到了举足轻重的作用。同时，封火山墙还是地域文化交融的有力见证。在明清以前封火山墙在四川地区无论是官式建筑还是民间建筑中都比较少见，正是由于明清的两次大移民活动，随着外来移民的迁入，新的建筑文化传播到重庆，封火山墙才登上了巴渝地区的建筑舞台，并紧密地与重庆的山水地貌相结合，形成了具有重庆特色的建筑形式。随后这种建筑语言在重庆的祠堂、民居等许多建筑类型中也都得到了广泛体现，齐安公所的龙形山墙如图 1-39 所示。

图 1-39　齐安公所的龙形山墙

（图片来源：笔者拍摄）

③ 细部雕饰体现匠心特色。会馆建筑的建造匠心独具，丰富多彩的雕饰艺术充分显示了建造工匠们高超的建筑技术和艺术成就。其中戏台的雕刻多以民间故事场景为主要内容，涉及封神演义、三国故事、水浒故事等，这些同时也是大多戏文故事的来源。另外，还有反映封建伦理故事作为教育后世题材的二十四孝雕刻栏板，集中演绎了中国传统文化中"百顺孝为先"的观念。此外还有反映重庆人文风貌的雕刻图案，如齐安公所戏台底部梁枋上描绘的就是清代重庆临江门城墙一带商贾往来贸易的热闹场景，体现了重庆山地地貌和民间生活。这些都反映了巴渝地域文化对建筑的影响以及古代工匠非凡的创造力。

（3）重庆湖广会馆保护修复项目

湖广会馆建筑群作为凝聚着大量历史信息与民族情感的载体，其珍贵的价值逐渐被人们所认识，在大众传播中充分展示了重庆的悠久历史和独特的文化魅力。其作为历史上"湖广填四川"移民史的见证，反映了明清时期重庆社会、经济发展的盛况及兴衰变化，也是清代前期到民国初年重庆的移民文化、商业文化和建筑文化的重要标志。遗憾的是，重庆湖广会馆建筑群在抗战时期曾遭受日军的轰炸和火灾的破坏，许多建筑残缺不全。湖广会馆衰落后，建筑被改作他用，这些使用与原有功能割裂，造成建筑不同程度的破坏。由于年久失修，建筑整体也存在各种安全隐患。

湖广会馆的保护呼吁和前期策划历经数年之久。1998 年初，重庆市政府组织湖广会馆保护研究、策划，到 2003 年底正式启动重庆湖广会馆修复，再到 2005 年 9 月建成开放，前后时间跨度长达近八年。八年时间里，湖广会馆凝聚了许多人的心血和研究成果。在湖广会馆的保护修复中，为了更好更全面地进行保护，规划确定以"真实性原则"为指导，采用中国传统和西方通行的文物建筑修复方法结合的方式，在修复中尽可能保留原有建筑，充分利用原有的结构和构件，尽可能保留历史的原真性，力求真实、全面地保存并延续湖广会馆的全部价值。

① 历史环境保护。文物建筑处于历史街区，与周围环境保持着极强的关联性，因此，规划划定了湖广会馆历史街区，对历史街区进行整体性保护。保护规划将整个地段划分为核心保护区、传统保护区、风貌协调区 3 个区域，通过不同的要求和措施使历史街区达到由内向外文物建筑向新建建筑逐步过渡的空间环境，建筑风格有机协调。

② 建筑保护修复。在湖广会馆建筑群的保护修复中，为了实现修复效果的真实性，对文物建筑采取了分类保护的方法。对广东公所、齐安公所等现状较好的文物建筑实行了维持原状、防止破坏的保护方法，经常进行监测，防止风化腐蚀、蚁害鼠患等危害建筑安全的隐患；对有部分破坏的建筑采取了修补、加固和更换构件的修复方法，修复时尽量保持原有的建筑功能、空间形态、结构形式等，首要保证建筑的安全性；对于已经损坏的建筑，则结合周围建筑功能和当前的功能需求采取复原重建的方法。

重庆湖广会馆修复工程是重庆市投资最大，影响最广、效果最好的文物建筑修复工程。工程严格遵循了国家文物保护的相关法规和国内外文物古建筑保护维修的原则，精心设计、精心施工，较好地再现了该组建筑的完整风貌，保护了这座历史建筑的文化价值，带动了对周围历史街区的保护，达到了对文物建筑保护的真正目的。

2）背后的故事

坐落在重庆东水门的湖广会馆，是目前全国范围内已知的最大的古会馆建筑群，为东水门历史文化街区增添了厚重的文化色彩和历史底蕴。如今，我们能够看到它的光鲜亮丽，但是在这背后却蕴含了无数人的努力与心血。

（1）湖广会馆的保护与修复之路

湖广会馆在历史上是相当兴旺的，不过伴随着时代的变迁以及各种战争的摧残，湖广会馆自然也就变得破败。在被发现并被确立修复之前，湖广会馆面临着多次被拆除的危险。

漆黑的巷道里，摆满烧煤和烧柴的炉子；禹王宫大殿里，塑料和橡胶物品堆积如山，四处杂乱无章、凋零破败……20世纪90年代初，城市规划建设专家、历史文化学者何智亚见到了湮没于下洪学巷东水门危房群中的湖广会馆。当时，这个始建于清乾隆二十四年（1759年）的会馆建筑群已是满目疮痍。但是，那尘垢背后行云流水般的木刻雕花、灰土之下气势非凡的封火墙，仿佛仍在诉说着"湖广填四川"那些唱不完的繁华、道不尽的沧桑。

有开发商看中了这块"风水宝地"，拟拆迁后进行房地产开发。如果这片200多年的建筑群变身为时尚摩登的高楼大厦，后辈们该到何处去找寻乡愁的安放之所？1997年起，何智亚等有识之士开始四方呼吁：留住湖广会馆！

1999年2月，市文化局委托重庆建筑大学（现重庆大学）对湖广会馆核心区进行建筑测绘，湖广会馆的修复工作才终于取得了实质性的进展。因为湖广会馆建筑群基本上都已经沦为危房，大量的木质结构也极不稳定，完成基础的建筑测绘，才能够在今后的修复过程中有据可依。在一个多月的辛苦测绘中，重庆建筑大学建筑与城市规划学院的几十名师生们发扬了艰苦奋斗精神：每天来回不方便，就在附近租廉价房屋居住；每天工作占用大量时间，老师和学生都吃盒饭。经过一个多月的辛勤劳动，工作组完成了对禹王宫、齐安公所、广东公所的建筑布局、古建筑形体、内部构件、木质雕刻的原样测量与绘图，并根据测绘情况，补充完善了损坏和残缺建筑构件的部分图纸。由于湖广会馆里住满了居民，还有生产的工厂、堆满物品的仓库等，在测绘过程中，古建筑的木结构有的已经严重腐朽，存在安全方面的威胁，但教师和学生克服重重困难，爬楼上房、设梯搭架，获得了大量真实、宝贵的测绘资料。这次测绘共出图200余张，大致清楚了湖广会馆的现状，为湖广会馆修复设计提供了极有价值的资料。

2003年2月，各界人士的奔走呼吁有了结果：重庆市委、市政府主要领导同意依据"修旧如旧"原则，对湖广会馆建筑群进行保护性修复。何智亚被任命为修复工程总协调人。

湖广会馆有救了，可何智亚却辗转难眠。会馆破损严重，狭窄的地块竟然居住了400多户居民，部分建筑被改变了原状，要恢复原貌，修旧如故，再现历史留下的辉煌，真是难上加难！为保证修复方案和施工措施的严谨和完整，从2002年12月修复工程正式动工到2005年9月湖广会馆竣工，他先后100多次到现场，与中外专家、设计、业主、监理、施工单位反复磋商。

为了原样修复湖广会馆建筑的损毁部分，工程施工队伍面向全国招标，最终，来自北京、山西、山东的3支富有经验的古建施工队伍进场，著名的"木雕之乡"——浙江东阳的木雕技师们负责木雕修复，以做建筑脊饰在圈里闻名的民间工匠"刘大胡子"也被从成都请来……

在所有人的共同努力之下，湖广会馆的修复工作总算得以圆满完成。2005年9月29日，历时21个月，湖广会馆修复完成并对外开放。雕梁画栋的戏台、雕工精巧的斗拱，刻有"二十四孝"典故的厢门……阳光里，古老的建筑终于恢复了它旧时的容貌，展现着巴渝文化的源远流长，灿烂辉煌。

文物承载灿烂文明，传承历史文化，维系民族精神，是老祖宗留给我们的宝贵遗产，是加强社会主义精神文明建设的深厚滋养。湖广会馆曾经承载了重庆往昔的一段辉煌，今后，湖广会馆也必将继续承载新重庆。

（2）东阳木雕，雕刻了时光，惊艳了世界

重庆湖广会馆中存在大量构件，制作精美、镏金溢彩、栩栩如生。如齐安公馆的镏金卷草夔龙八角藻井，巧夺天工的精美雕刻，给人以赏心悦目的视觉享受。此外，丰富的脊顶饰件、巧妙独特的采光设计、生动遒劲的风火山墙，无一不体现古代修建湖广会馆的匠人们高超的工艺水准和精益求精的职业精神。

在湖广会馆的修复工程中，木雕构件因为过去受到虫蛀和人为的破坏，部分损毁严重，需要进行复原，新建仿古建筑也需要木雕装饰，现场木雕制作量很大。木雕是一项工艺复杂、技术精度要求高的特殊工艺，需要复原的木雕既要在雕刻技法上遵循传统做法，又要在雕刻内容上与原有图案一致，为了再现昔日会馆的风采，还要求复原和新制作的木雕达到原有木雕的工艺水平，这对施工单位提出了很高的技术要求。由于原有木雕原件损毁严重，有的已无法看出原样，给雕刻工作带来了很大难度。

承担木雕制作任务的东阳巍巍实业公司从我国著名木雕之乡——浙江东阳请来了20多名技艺精湛的木雕技师。他们在现场对湖广会馆原有的木雕风格和内容反复研究探索，解决了许多过去未遇到的难题。本着对历史尊重、对后人负责的态度，他们严格按照工艺要求购料、选料，挑选有较高资历和实践工作经验的高级工艺师根据损坏的木雕原样进行木雕构件的设计及绘图工作。工匠们对雕刻制作认真负责，刻制的木雕纹理粗细得当、走势顺畅、起伏重叠有序，达到了非常理想的观赏效果，充分显示了东阳木雕在技巧和工艺上的优势。据东阳师傅介绍，这种木雕制作，必须在下刀前心中有数，下刀时准确无误，刀刀到位，误凿一刀下去就无法弥补。游人观看他们的雕刻，无不为他们的精湛技艺所折服。

雕刻工作前后长达450多个日夜，不管是寒冷的冬季还是炎热的夏季，全体工匠师傅在现场苦干巧干，倾注了大量的心血和汗水。湖广会馆建筑群内大量按照原样修复和新增添的木雕，件件精美绝伦，栩栩如生，为修复后的湖广会馆增光添彩。

作为中国优秀的传统工艺之一，东阳木雕既是中国优秀传统民族文化的生动展示，又是对专注走心、精益求精的工匠精神的时代回应。

1.2.3 人民大会堂

1）项目简介

人民大会堂落成于 1959 年 9 月 24 日，是中华人民共和国成立十周年国庆献礼工程的十大建筑之一，由毛泽东主席亲自命名，周恩来总理直接领导和指挥设计、建造，其设计代表了 20 世纪 50 年代我国建筑设计的最高水平，是当时全国最优秀的建筑师和艺术家共同合作创造的结晶，于 2016 年入选"首批中国 20 世纪建筑遗产"名录。

人民大会堂坐落在北京市天安门广场西侧，西长安街南侧，坐西朝东，南北长 336 m，东西宽 206 m，高 46.5 m，占地面积 15 万 m^2，建筑面积 17.18 万 m^2。建筑主要由三部分组成：中部进门是简洁典雅的中央大厅，面积 3 600 m^2，厅后是南北宽 76 m、东西进深 60 m、高 33 m 的万人大会堂；北翼是有 5 000 个席位的大宴会厅；南翼是全国人大常务委员会办公楼。大会堂内还有以全国各省、自治区、直辖市名称命名、富有地方特色的厅堂。整体比故宫全部建筑面积还大，是世界上最大的会堂式建筑。人民大会堂建筑风格庄严雄伟、壮丽典雅、富有民族特色，与四周层次分明的建筑构成了天安门广场整体庄严绚丽的图画。

（1）设计理念

周恩来总理为人民大会堂提出的设计的原则是：中而不古、西而不洋，一切精华皆为我用，并强调要实用、经济、庄重、美观，确保安全实效。按照这个原则，组织了方案修改和遴选，最后确定的设计方案充分贯彻和体现了"洋为中用""物为人用""以人为主""为人民服务"的设计思想。其规模、气势宏伟壮观，结构、设备错综复杂而又协调合理，建筑艺术和装饰陈设巧夺天工。这座规模宏大、设施齐全的大厦，从设计、备料、施工到全部落成，是在短短的 10 个多月完成的，这在世界建筑史上也是一个奇迹。

（2）建筑艺术造型

确定人民大会堂的建筑艺术造型在当时是一个极为艰巨的任务。时值中华人民共和国成立十周年，中国建筑的社会主义新形式一直在摸索探讨之中。因此，整个人民大会堂设计竞赛的过程，也是在党的建筑方针、艺术理论的指导和领导同志的帮助下，敢想敢干，集体创作的过程。建筑学会对中选方案的建筑艺术形式开展学术性讨论，与会人员一致同意"中而新"的提法，力倡民族的、科学的、大众的。

人民大会堂是我国最高的权力机构所在地。在形象方面，力求能够反映出时代的特征，能够创造、反映出六亿人民的伟大气概。既要严整，又要活泼，既要朴素，又要大方。在建筑轮廓线方面，为了强调严整、庄重，采取了对称的布局，重点突出，有高有低。四个立面的处理，是在统一的风格下考虑了各个不同的特点，有同也有异。整个空间布局是和使用要求紧密结合的。在柱廊、屋檐和台基上运用了中外处理庄严建筑的手法，结合建筑使用、施工、材料各方面的时代因素，去掉古建筑的压抑、沉重的封建成分和古老施工材料带给建筑形式烦琐的缺点，而代之以比较简洁明朗的手法和色彩。

大会堂建筑采用了平顶琉璃檐头，处理上保留了中国建筑的风格，并加以发展。习惯上，中国建筑的屋顶，挑檐平出的比例是比较重的，但是若以同样比例处理平屋顶就比较困难。如果挑檐平出很大，在结构上已是累赘，但和全楼比较起来仍旧是薄薄的一片，看起来还是显得很轻。因而设计师在设计中加以发挥创造，缩小了中国旧建筑物习惯采用的挑檐平出的比例，同时把柱头停在枋下，以柱托枋，而不采取以枋插柱的方式。从而避免了柱子把楣枋穿断，削弱檐头的厚度。这对平顶大尺度高层建筑的处理是有利的，对人民大会堂这样性质的建筑是合适的。

在建筑周围饰以柱廊，这是古今中外在庄重建筑上的常用手法，也是中国人民所喜闻乐见的形式（图1-40）。取其精华，在比例上和部位上加以发展。在门廊柱距的排列方法上，加大中间开间，并在门廊两端加宽部分墙面，以突出主要大门。在台阶部分，使用了重台的手法来突出表现建筑的庄严雄伟。人民大会堂的台阶除使用上的需要以外，不仅要求庄严雄伟，而且要求平易近人，"物为人用，以人为主"。因而，在设计中采取了加宽台阶的办法，特别在面向广大群众的一面多设台阶，这样接近人的不是高不可攀的重台，而是举足可登的台阶，没有立于丹墀之下的感觉，而是感到随时可以升堂入室，感到亲切宜人。

图1-40　人民大会堂东立面图
（图片来源：《人民大会堂修建始末》，张镈）

在色调的选择上，屋檐用黄绿色琉璃，亮处用橙黄色，暗处用深绿色，用以加强屋檐的突显和檐下的深邃，但在绿色中仍杂跳以亮色，使之丰富、活泼、愉快。墙面及一般廊柱选用明朗的淡黄色，以摆脱古老建筑暗红的压抑感，东北两面入口改用银灰色大理石的圆柱，在色彩用料上加强主要大门的突出地位。台阶以微红色的花岗石与天安门红墙取得一定的联系。

（3）万人大礼堂设计

万人大礼堂位于大会堂中心区域，南北宽76 m，东西进深60 m，高33 m；穹窿顶、大跨度、无立柱结构（图1-41）。礼堂平面呈扇面形，坐在任何一个位置上均可看到主席台。主席台台面宽32 m，高18 m，可设座300～500个；代表席位分为3层，三层座椅，层层梯升。一层设座位3 693个，二层3 515个，三层2 518个，总共设有近万个软席座位，可容纳近1万人。礼堂一层的每个席位前都装有会议代表电子服务单位，可进行12种语言的同声传译和议案表决即时统计。二、三层的每个座位中则装有喇叭，均可清晰听到主席台的声音。主席台两侧设有会议信息大屏幕显示系统。礼堂顶棚呈穹窿形与墙壁圆曲相接，体现出水天一色的设计思想。顶部中央是红宝石般的巨大红色五角星灯，周围有镏金的70道光芒线和40个葵花瓣，三环水波式暗灯槽，一环大于一环，与顶棚500盏满天星灯交相辉映。

图1-41　万人大礼堂

（图片来源：新华网）

（4）建筑室内设计

人民大会堂室内设计倡导"中国设计"学，其建成后，从外部环境到室内经过了多次改建装修，不断吸纳了更多的智慧和创造力，在保持人民大会堂整体风格的基础上，在中与西、传统与现代、政治与艺术、科学与技术、民族性与时代性等方面都做了有益的探索，增添了时代精神的艺术魅力，创造出了很多优秀的作品。其中，以各省区市特别行政区命名的厅堂是由各地方政府组织人员设计施工，充分体现了各地方的地域文化内涵，体现民族风格、地域文化、时代精神，体现"中国设计"的坚实基地。

人民大会堂室内设计在统一风格的协调下，各厅堂设计异彩纷呈，呈现多元化发展的倾向。人民大会堂进行维修改造，公共部位基本上是保持原貌。但各独立的厅堂都要重新改造装修，不同的设计定位与表现手法，呈现出各种设计"主义"的思潮或倾向，具体有象征性地表现少数民族建筑艺术，创造具有鲜明的少数民族风格特色及现代特征的"新民族主义"的新疆厅、西藏厅、内蒙古厅；有向民间建筑汲取灵感的"新乡土主义"的浙江厅、四川厅、甘肃厅；有采用适当简化传统的空间处理和装饰手法的"新古典主义"的河北厅、山西厅等；有设计中带有中国自己的特色，同时汲取了现代主义中简洁、洗练的设计风格的"本土现代主义"作品小礼堂门厅、上海厅等；有带有明显的地方色彩和时代特征的"新地城主义"风格倾向的云南厅、贵州厅等；也有"后现代主义"尝试手法的澳门厅、香港厅等。总之，人民大会堂室内设计表现出多元化的设计倾向，其多元化是在人民大会堂的统一风格基础之上表现出多样性。人民大会堂的统一风格就是"和"，各地方厅堂设计的多元化体现的是差异性，但所有的差异都是有前提的，这就构成人民大会堂"和而不同"的室内设计风格。这也为我们建构与国际设计体系相适应的"中国设计"体系，为正确处理各民族不同文化和文明的协调发展提供了有益的探索。

人民大会堂作为国家的文化艺术形象，对民族文化精神的传承、展示、弘扬、发挥了重要作用。先后创作出一批像关山月、傅抱石的《江山如此多娇图》、谢瑞阶的《大河上下浩浩长春》、张仃和侯德昌创作的《金秋长城》、王成喜的《报春图》等巨幅优秀中国画作。它们作为"背景"，出现在众多的国家政治活动之中，出现在无数次国家对外交往的仪式中。从某种意义上，它的价值甚至超出了画作和展示空间建筑的本身；它所能承载和播散的文化价值、意识形态价值，也从某种意义上更为人们所关注、所接受，成为中国人民几乎可以天天见面的文化与政治契合最有典型的"背景"，成为中国人民引为自豪和具有鲜明民族文化特色的某种精神与物质表征。

2）背后的故事

1958 年 9 月，北京市开始建造十大建筑，人民大会堂居于首位。这座庄严雄伟、壮丽典雅的建筑完全由中国人自行设计兴建，从正式破土动工到建成仅用了 10 个多月，堪称中国建筑史上的一大创举。2019 年是人民大会堂建成 60 周年。作为中华人民共和国成立后最经典的建筑杰作之一，这一宏伟建筑当年是如何设计并在一年之内快速建成的？让我们一起来重温人民大会堂的建筑传奇，回溯那激情岁月中一幕幕精彩的背后故事。

（1）集思广益，敲定设计方案

早在 1956 年，中共中央便酝酿在北京建设一个大型的礼堂，以供开会使用。1958 年 8 月，中共中央确定要在北京建设一批包括万人礼堂（即人民大会堂）在内的重大建筑工程，以展现中华人民共和国成立十周年来的建设成就，庆祝中华人民共和国成立十周年，并把建设任务直接下达给了北京市政府。北京市政府对这项任务高度重视，积极行动。9 月 8 日，北京第一副市长万里向在京的设计、施工单位的专家做动员报告，他说："不是有人不相信我们能自己建设现代化国家吗？老认为我们这也不行那也不行吗？我们一定要争这口气，用行动和事实做出回答。"

然而，困难超乎想象。按照中央的要求，由最初只是要建造一座容纳万人的大礼堂，后来增加了 5 000 人的宴会厅，之后全国人大常委会办公楼也加了进来。功能不断扩展，建筑面积却依旧要求限定在最初的 7 万 m^2，并且一定要大气，这对设计师们是个很大的挑战。北京市发动、组织了大批设计师参与大会堂的设计，到 1958 年国庆节前，已历经 7 轮评比论证，大会堂仍然没有一个成形的设计方案。周恩来总理指示，要进一步解放思想，除老专家之外，发动青年同志参加方案的设计讨论。难题的解决迎来转机。最终，北京市规划局的年轻设计师赵冬日主持设计的方案获得最后通过。

（2）大匠智慧，谱写建筑佳话

作为中华人民共和国成立十周年十大建筑之首，人民大会堂因其规模庞大、技术繁杂、文化艺术水准高、建造周期极短，在当时被视为几乎不可能完成的任务。万人大礼堂、五千人宴会厅等主要功能规模远远超出常规，如何在保证使用效果的前提下降低建造成本？这看似难以调和的设计矛盾和相互制约的工程逻辑，恰恰体现出当时人们的智慧和勇气。人民大会堂的建成，是大匠智慧谱写的建筑佳话。

1958 年 10 月 28 日，大会堂正式破土动工。著名建筑师张镈被任命为大会堂的总建筑师。由于时间紧迫，指挥部决定打破常规，采取"边设计、边供料、边施工"的方法。北京市建筑设计院的几十名工程师全部搬到工地，与施工单位面对面，在充分考虑施工实际条件下进行设计，并在用料和做法上听取施工方意见。这一做法极具优越性，既节省了时间，也避免了设计中的不合理现象。为进一步完善原设计方案，汪季琦、梁思成、茅以升等几十名全国著名建筑专家被邀集在一起，商讨提出了几十项具体可行的意见。

"柱廊搬家"的故事曾被传为佳话。在大会堂主入口的廊柱浇筑完毕后，中部三开间柱距均为 9 m，其余柱距均为 7 m，有人提出这一做法不符合传统建筑明间、次间和梢间逐级变窄的规制。为解决这一问题，总建筑师张镈仔细考量了柱间尺寸，把中间两根柱子的外皮偏心外移少许。这样，就形成了中间柱距较宽、两侧柱距较小的格局，通过这样巧"搬家"，避免了大动干戈的结构返工。

周恩来总理对大会堂的建设高度关注，大礼堂"满天星斗、水天一色"的设计理念就来自他。万人礼堂净高 33 m 的超大室内空间，会让步入其中的人产生强烈的距离感。周恩来总理以"落霞与孤鹜齐飞，秋水共长天一色"为灵感，认为人站在地上，并不觉得天有多高，站在海边也不觉得水有多远，提出穹顶形顶棚与墙身交接之处用弧形曲面连成一体，没有边缘，从而冲淡一般长、宽、高清晰同在而产生的生硬、庞大的印象。

（3）人民力量，塑造建筑经典

土建方面"出师不利"。1958 年 11 月，在大会堂西南角干活的工人挖出几块鹅卵石，最初谁也没有在意，不料挖出的石头越来越多，最后一条古老河道赫然在目。为了确保稳固，地基必须挖到 8 m 深的老土层，流沙和淤泥必须彻底清除才能动工。当时国内根本没有足够的设备和先进的方法挖掘和运输土方，大部分只能靠人力完成。所幸，陆续有很多人来工地义务劳动，部分弥补了劳力的紧缺。

随着工程的全面铺开，北京方面不仅人员捉襟见肘，急需各地支援，而且加工订货和市场采购的物资，品种繁多，规格复杂，涉及面广，只有依靠举国之力才能完成。北京市的请援函发出后，全 18 个省、自治区、直辖市不仅先后派来 7 700 多名优秀建筑工人参加建设，还不遗余力地将大批机械和物资运到首都。同时，解放军、公安部队、机关干部和学生报名参加的义务劳动大军也陆续抵达。160 名志愿军归国代表团代表、2 000 余名参加全国妇女代表大会的代表都来加入建设队伍。有些到北京出差的同志，利用在火车站候车的短暂时间，也要急急忙忙地跑到天安门广场，铲一锹土，献一份力。

工地上机器轰隆，日夜不休，工人们劳动强度很大，但从不叫苦叫累，比着劲儿地工作。钢筋工青年突击队队长、后来成为北京市副市长的张百发和木工青年突击队队长、后来成为全国政协主席的李瑞环在建设中苦干加巧干，脱颖而出。

在工程进入倒计时时，工地上有 30 多个施工单位，1.4 万多名职工，配合协作关系极为复杂，多工种同时作业，导致现场非常拥挤，加上人员来自四面八方，管理也是难题。面对新问题，工人们群策群力，想出了"支架悬空脚手架"办法。他们在 30 多 m 的高空，用一根根杉木支搭出 4 000 多 m² 的悬空脚手架，确保各工种分层施工，立体作业，互不干扰。这样一来，工程质量和工作效率有了明显提升。同时，为了有效管理，有关方面设置了总指挥部、分指挥部和工段三级施工指挥机构，并在总指挥部统一领导下，实行分层负责、分片包干、施工责任等制度。实践证明，这种做法行之有效。

从 1958 年 10 月 28 日破土动工，到 1959 年 8 月 31 日交付使用，仅仅用了 307 天，人民大会堂就在天安门广场西侧拔地而起，向世人展示了中国人民的高超智慧和伟大力量并成为至今仍被世界瞩目与赞赏的建筑经典。这个建筑经典，是全体参与领导、设计、建筑人员共同团结协作创造的传奇，是举国之力、人民力量塑造的传奇。据统计，参与人民大会堂建设的劳动大军共计 30 万人次。

在社会主义中国，人民群众在根本利益上是高度一致的，这才使得在重大事项上全国一盘棋、上下一条心，心往一处想、劲往一处使成为可能，也才能办成一件件利国利民的大事。正如习近平总书记指出，"我们最大的优势是我国社会主义制度能够集中力量办大事。这是我们成就事业的重要法宝"。[1]

（4）壮观巍峨，彰显大国自信

这座壮观巍峨的建筑平面呈"山"字形，两翼略低，中部稍高，四面开门。外表为浅黄色花岗岩，上有黄绿相间的琉璃瓦屋檐，下有 5 m 高的花岗岩基座，周围环列 134 根高大的圆形廊柱。其正门面对天安门广场，正门门额上镶嵌着中华人民共和国国徽，正门迎面有 12 根浅灰色大理石门柱，正门柱直径 2 m、高 25 m。四面门前有 5 m 高的花岗岩台阶。人民大会堂建筑风格庄严雄伟，壮丽典雅，富有民族特色，与四周层次分明的建筑构成了一幅天安门广场整体庄严绚丽的图画。其建筑主要由 3 部分组成：进门便是简洁典雅的中央大厅。厅后是宽达 76 m、进深 60 m 的万人大礼堂；北翼是有 5 000 个席位的大宴会厅；南翼是全国人大常务委员会办公楼。大会堂内还有以全国各省、自治区、直辖市名称命名、富有地方特色的厅堂。

自 1959 年建成以来，人民大会堂就成为全国党代会、人民代表大会、政协会议讨论并决议国家大事的会议中心。同时，它也是党和国家领导人接待各国首脑和国际友人的重要殿堂。这座宏大的殿堂式建筑具有新中国国家形象的象征意义，受到了来访的各国友人及贵宾的盛赞。1959 年底，苏联曾专门派出一个代表团来了解大会堂的设计和建设情况，并向我们索要技术方面的资料。1997 年日本著名建筑大师矶崎新在参观过大会堂之后，也对其设计的成功表示了由衷的赞扬。

作为一件中国人自己设计、建造的大型建筑艺术作品，人民大会堂向世界展示了中国的大国文化和文化自信。

---

[1] 刊载于《人民日报》2020 年 3 月 13 日 09 版。

第2章

公共建筑
——以智识和想象铸造城市地标

导　读

　　本章首先从公共建筑的定义及类型和特点介绍中国公共建筑的概况，然后选取国内五个较为典型的公共建筑案例进行讲解，重点讲述了项目的基本情况、设计理念、建设过程、施工特点及难点等，并选取了部分感人事迹回味他们的故事，见证榜样传递的能量。

2.1　中国公共建筑概况

2.1.1　公共建筑定义及类型

　　城市建筑是构成城市的一个重要部分，而建筑不仅是一个供人们住宿休息、娱乐消遣的人工作品，它在很大程度上还与我们的经济、文化和生活相关联。在今天，城市建筑以其独特的方式传承着文化，散播着生活的韵味，不断地渗透进人们的日常生活中，为人们营造一个和谐和安宁的精神家园。当前国家处于建设阶段，建筑行业的发展来势迅猛，如火如荼，遍及全国各个区域，建筑风格新颖多样。尤其是一些公共建筑，以其独特的造型和结构彰显出城市特有的个性与风采，也因此而成为一个城市的地标性建筑物，形成了该地区经济与文化的独特魅力。

　　公共建筑是指提供人们进行各种社会活动的非生产性建筑物，主要包括：

　　① 行政办公建筑，如机关、企业单位的办公楼等。

　　② 文教建筑，如学校、图书馆、文化宫、文化中心等。

　　③ 托教建筑，如托儿所、幼儿园等。

　　④ 科研建筑，如研究所、科学实验楼等。

　　⑤ 医疗建筑，如医院、诊所、疗养院等。

　　⑥ 商业建筑，如商店、商场、购物中心、超级市场等。

　　⑦ 观览建筑，如电影院、剧院、音乐厅、影城、会展中心、展览馆、博物馆等。

　　⑧ 体育建筑，如体育馆、体育场、健身房等。

　　⑨ 旅馆建筑，如旅馆、宾馆、度假村、招待所等。

　　⑩ 交通建筑，如航空港、火车站、汽车站、地铁站、水路客运站等。

⑪ 通信广播建筑，如电信楼、广播电视台等。

⑫ 园林建筑，如公园、动物园、植物园、亭台楼榭等。

⑬ 纪念性建筑，如纪念堂、纪念碑、陵园等。

2.1.2　公共建筑的特点

我国是一个有着五千年文明的古国，有着卓越的建筑艺术成就。从古代的北京故宫、天坛、颐和园、圆明园、长城到现在的国家体育馆、上海中心大厦、北京大兴国际机场、港珠澳大桥等世纪工程，都是我国劳动人民智慧的结晶和强大综合国力的体现。

古代公共建筑主要有宫殿、书院、寺庙、园林、会馆等。现代公共建筑主要包括科学、教育、文化、卫生、体育、交通建筑和设施，覆盖面广，特点更加鲜明。

我国古代建筑多以木结构为主，创立了极具中国特色的斗拱结构，充分体现了我国古代劳动人民的智慧。

近代公共建筑，因建造技术的进步、多样化的建筑材料应用，呈现出更加多样化的建筑形态。目前，主要采用钢筋混凝土结构、钢结构、钢 - 混凝土组合结构等多种结构形式。建筑外观上，更是融合了我国古代建筑艺术、西方建筑艺术等特点。如天安门广场附近的主要建筑体，包括人民英雄纪念碑、毛主席纪念堂、人民大会堂、中国国家博物馆等。

公共建筑单体工程不同于群体工程，虽然群体工程的总建筑面积比较大，但它是由多个独立的功能相同或不同的单位工程组成的建筑群体，公共建筑单体工程有它固有的特点，主要表现在：

① 聚集的人数多。多数公共建筑属于人员密集场所，往往在一定时间内聚集人数众多，人流密度较大。

② 占地面积大、建筑面积大且空间大。

③ 建筑内功能复杂，存在多种功能分区且用途不同。

④ 建筑物内设备系统多，多数设备现代化、自动化程度高。

⑤ 建筑物的建造标准高，对工程质量的要求更高。

⑥ 多数公共建筑是国家或地区重点工程、外资或合资工程，投资大且工期较短，因此，需要投入大量的人力、物力。

2.1.3 我国公共建筑发展现状及趋势

1）现状

自中华人民共和国成立以来，我国公共建筑发展十分迅速。改革开放之后，我国经济飞速发展，公共建筑的数量也大幅增加。我国的公共建筑主要呈现数量增长快、建筑规模大、工程投资大、建筑设计新颖、结构施工难度大等特点。

（1）数量高速增长

随着我国城镇化快速发展，城市建设也随之进入新的浪潮。政府投入大量资金进行公共建筑的建设，公共建筑建设面积在建筑总建设面积中的比例呈现出加大之势。

（2）经济投资巨大

我国一、二线城市的特点是，城市面积庞大，人口数量众多，这些特点直接影响了公共建筑的投资规模。

（3）社会地位重要

公共建筑作为城市文化、体育等各类公共活动的物质载体，同时也是大量物资、信息的交汇之处。因此，大型公共建筑能够充分体现城市形象，并将其视为城市的标志。

2）发展趋势

习近平总书记在十九大报告中指出："中国特色社会主义进入新时代，我国社会主要矛盾已经转化为人民日益增长的美好生活需要和不平衡不充分的发展之间的矛盾"。这一重要论断反映了我国社会发展的巨大进步，反映了发展的阶段性特征，既对党和国家工作提出了新要求，也为我国公共建筑的发展提出了新的要求，指明了方向。城乡发展不平衡不协调，是我国经济社会发展存在的突出矛盾，是全面建成小康社会、加快推进社会主义现代化必须解决的重大问题。因此，我国公共建筑的发展将会在广阔的中华大地上如雨后春笋般成长，在城市、在农村得到协调发展。

此外，随着我国经济水平的提高、建造技术的发展及新材料、新工艺的不断出现，我国公共建筑的发展将更加实用、美观、环保、节能、高效。装配式钢结构、装配式混凝土结构也将大量应用在公共建筑中。BIM技术在未来公共建筑的设计、施工、运营管理中发挥重要的作用。技术与艺术相结合，高新技术与大数据的广泛应用，未来公共建筑必将为人们的生活、教育、医疗、体育提供更多的便利和更加优质的体验。

2.2 典型公共建筑介绍

2.2.1 国家体育场——鸟巢

1）项目简介

国家体育场为 2008 年北京奥运会主体育场，位于奥林匹克公园中心区南部，占地 20.4 公顷、建筑面积 25.8 万 m^2、建筑高度 67 m。体育场的主体钢结构为薄壁箱型全焊接钢结构，形成巨型大跨度钢桁架编织式"鸟巢"结构。体育场坐落在缓缓坡起的基座平台上，道路延续了建筑的结构肌理。基座北侧为下沉式的热身场地，附属功能安排在升起地面之下，使不同人流进入的方式更加合理，同时保持了主体建筑外观的清晰完整。看台为混凝土碗形结构，与钢结构体系脱开，分为上、中、下三层，中下层看台之间设有包厢层。开敞的钢结构网格包围着宽阔的集散大厅，设有快餐、商店、休息区和贵宾接待区。通往上层看台的大楼梯与钢结构编织在一起成为立面的构成要素。屋顶维护结构则为覆盖 ETFE 膜和 PTFE 膜的钢结构。

国家体育场（鸟巢）举行了奥运会、残奥会开闭幕式、田径比赛及足球比赛决赛。举办奥运会，是民族凝聚力的一次大检阅，是坚持人民当家做主，密切联系群众，紧紧依靠人民推动国家发展社会主义制度的显著优势体现。在奥运会筹备过程中积累和提升了五种"奥运精神"：为国争光的爱国精神、艰苦奋斗的奉献精神、精益求精的敬业精神、勇攀高峰的创新精神和团结协作的团队精神，蕴含着巨大的民族自尊心、自信心、自豪感和凝聚力，振奋民族精神，弘扬爱国主义。举办奥运会，不仅给中国留下了宝贵的物质遗产，更是在提升国家"软实力"方面留下了更为珍贵的精神遗产。自强不息，战胜自我、超越自我，奥运精神激励一代又一代人奋勇向前，敢于追求，战胜困难，勇攀高峰。

"鸟巢"是由 2001 年普利茨克奖获得者赫尔佐格、德梅隆与中国建筑师合作完成的巨型体育场设计的。外形结构主要由巨大的门式钢架组成，共有 24 根桁架柱。主体结构设计使用年限 100 年，耐火等级为一级，抗震设防烈度 8 度，地下工程防水等级 1 级。工程主体建筑呈空间马鞍椭圆形，南北长 333 m、东西宽 294 m、高 69 m 的巨型空间马鞍形钢桁架编织式"鸟巢"结构，钢结构总用钢量为 4.2 万吨，混凝土看台分为上、中、下三层，看台混凝土结构为地下 1 层，地上 7 层的钢筋混凝土框架 - 剪力墙结构体系。钢结构与混凝土看台上部完全脱开，互不相连，形式上呈相互围合。国家体育场屋顶钢结构上覆盖了双层膜结构。许多看过"鸟巢"设计模型的人这样形容：那是一个用树枝般的钢网把一个可容纳 10 万人的体育场编织成的一个温馨鸟巢，是用来孕育与呵护生命的摇篮（图 2-1）。

图 2-1　"鸟巢"全景

（1）设计理念

① 绿色设计。国家体育场设计大纲要求"国家体育场的设计应充分体现可持续发展的思想，采用世界先进可行的环保技术和建材，最大限度地利用自然通风和自然采光，在节省能源和资源、固体废弃物处理、电磁辐射及光污染的防护和消耗臭氧层物质（ODS）替代产品的应用等方面符合奥运工程环保指南的要求，部分要求达到国际先进水平，树立环保典范。"通过环境管理体系的建立和执行，改进国家体育场的建筑功能和性能，持久地贯彻"绿色奥运"的概念。国家体育场在建设中采用了先进的节能设计和环保措施，比如良好的自然通风和自然采光、雨水的全面回收、可再生地热能源的利用、太阳能光伏发电技术的应用等。"鸟巢"的外观之所以独创为一个没有完全密封的鸟巢状，就是考虑既能使观众享受自然流通的空气和光线，又尽量减少人工的机械通风和人工光源带来的能源消耗。"鸟巢"内使用的光源，都是各类高效节能型环保光源。在行人广场等室外照明中也尽可能地采用太阳能发电照明系统。在"鸟巢"足球场地的下面是 312 口地源热泵系统井。它通过地埋换热管，冬季吸收土壤中蕴含的热量为"鸟巢"供热；夏季吸收土壤中存贮的冷量向"鸟巢"供冷，能节省不少电力资源。在"鸟巢"的顶部装有专门的雨水回收

系统，被收集起来的雨水最终变成了可以用来绿化、冲厕、消防甚至是冲洗跑道的回收水。诸多先进的绿色环保措施使国家体育场成了名副其实的大型"绿色建筑"。

② 科技设计。国家体育场设计大纲要求："国家体育场的设计应充分考虑以信息技术为代表的，包括新材料和环保等技术的高新技术。在建筑、结构、建材、环保、节能、智能化、通信、信息和景观环境等方面，通过采用可靠、成熟、先进的高新技术成果，将国家体育场建设成为一个具有以人为本的信息服务、方便可靠的通信手段、先进舒适的比赛环境和坚实可靠的安全保障的特点的新型场馆。在设计中体现奥运场馆的时代性和科技先进性，使其成为展示中国高新技术成果和创新实力的一个窗口。"

抓创新就是抓发展，谋创新就是谋未来。适应和引领我国经济发展新常态，关键是要依靠科技创新转换发展动力。国家体育场设计和施工阶段在科技攻关和成熟技术上应用了一批建筑结构、节能环保、智能建筑的科技成果，并针对结构特点带来的设计和施工难点实施科研课题的攻关，这是创新理念的高度体现。

以国家体育场建设对科技的需求为出发点，提高体育场建设科技创新能力，积累高科技应用于体育场的经验，使科技创新成为动力和保障。在设计和施工过程中，针对国家体育场建设过程中的若干瓶颈和焦点问题，重点安排一批科研攻关项目和课题，解决设计和建设中的难题。在各专业设计上重点应用较成熟并具有科技含量的技术，使体育场体现一流的建设和运营的科技水平。

③ 人文设计。国家体育场设计大纲要求"国家体育场的设计应有利于普及奥林匹克精神、弘扬中华民族的优秀传统文化，并应充分考虑各类人员（包括残疾人和有行动障碍人员）的需求，建立适宜的人文环境。"设计对建筑功能、运营使用上做了细部设计以体现人文关怀。鸟巢设计碗状座席环抱着赛场的收拢结构，上下层之间错落有致，无论观众坐在哪个位置，和赛场中心点之间的视线距离都在 140 m 左右。"鸟巢"的观众席里，还为残障人士设置了 200 多个轮椅座席。这些轮椅座席比普通座席稍高，以保证残障人士和普通观众拥有一样的视野。赛时，场内还将提供助听器并设置无线广播系统，为有听力和视力障碍的人提供个性化的服务。

（2）建设过程

建设开工时间：2003 年 12 月 24 日；完工时间：2008 年 3 月。

2002 年 7 月 2 日：收到 89 个规划设计方案；

2003 年 1 至 2 月：确定 5 名国家体育场项目合格申请人进入招标第二阶段；

2003 年 3 月 19—25 日：评审委员会投票，"鸟巢"方案压倒性胜出；

2003 年 12 月 24 日：北京 2008 年奥运会国家体育场各项开工准备工作就绪，举行了开工奠基仪式；

2004年2月：国家体育场百根基础桩完成，"鸟巢"工程开始实质性结构建设；

2004年7月30日：奥运场馆的安全性、经济性问题成为焦点，7月30日"鸟巢"全面停工；

2004年8月31日："鸟巢"取消可开启屋顶，方案调整风格不变；

2004年8月："鸟巢"公布效果图；

2004年12月：北京2008年奥运会主体育场"鸟巢"复工；

2005年5月9日："鸟巢"国家体育场零层施工；

2005年6月15日："鸟巢"国家体育场一层施工；

2005年9月14日："鸟巢"国家体育场二层施工；

2005年10月21日："鸟巢"国家体育场三层施工；

2005年10月28日："鸟巢"首件钢构件吊装仪式；

2005年11月15日：混凝土主体结构提前封顶比预期时间提前了一个月；

2006年1月：混凝土结构施工完成，主钢结构柱脚已全部安装完毕，开始进行屋面钢结构安装案；

2006年4至5月：IOC委员考查鸟巢工地；

2006年8月26—31日：鸟巢钢结构合龙焊接，整个"鸟巢"的钢结构将浑然一体；

2006年9月17日：国家体育场"鸟巢"工程，在经历两年多的建设后，于9月17日完成了钢结构施工的最后一个环节——整体卸载。

（3）施工特点及难点

① 构件体型大，单体质量重。作为屋盖结构的主要承重构件，桁架柱最大断面达25 m×20 m，高度达67 m，单榀最重达500 t。而主桁架高度12 m，双榀贯通最大跨度258 m，不贯通桁架最大跨度102 m，桁架柱与主桁架体型大、单体质量重。

② 节点复杂。由于该工程中的构件均为箱形断面杆件，所以，无论是主结构之间，还是主次结构之间，都存在多根杆件空间汇交现象。加之次结构复杂多变、规律性少，造成主结构的节点构造相当复杂，节点类型多样，制作、安装精度要求高。

③ 焊接量大，焊接难度大。该工程工地连接为焊接吊装分段多，现场焊缝长度长，加之厚板焊接、高强钢焊接、铸钢件焊接等居多，造成现场焊接工作量相当大，难度高，高空焊接仰焊多。薄板焊接变形大，厚板焊接熔敷量大，温度控制和劳动强度要求高。而高空焊接、冬雨季焊接的防风雨防低温措施更使得焊接难度增大。

④ 工程组织难度大。主结构吊装时，土建施工未结束，现场组装在大面积开展，故存在多方施工交叉作业现象。加之，现场场地狭小，施工场地布置、构件运输及大型吊机行走路线等受到很大限制。同时，本工程结构复杂，各吊装分段之间相互关联，必须按一定的顺序进行组装、吊装，否则将出现窝工现象。各施工方需合理协调、统筹管理，工程组织难度大。

⑤ 高空构件的稳定难度大。由于本工程采用散装法（即分段吊装法），分段吊装时，高空构件的风载较大，在分段未连成整体或结构未形成整体之前，稳定性较差，特别是桁架柱的上段和分段主桁架的稳定性较差，必须采用合理的吊装顺序（尽量首尾相接、分块吊装）和侧向稳定措施（如拉锚、缆风绳等）。

⑥ 人文施工。施工中"以人为本"，细致地分析审定施工中的每一个方案，倡导工业化的装配作业，从降低劳动强度，工序中的每一个步骤，提出要采取的措施，中心思想是"以人为本"；生活上，如住宿条件及饮食等方面提供最佳的条件。

2）背后的故事——焊绣

2008 年 8 月 8 日，全世界人民殷切的目光都投射向了北京，投向了我们的国家体育场，这必将是万众瞩目的时刻。相信你我都为祖国的强大而骄傲振奋。鸟巢，这一被誉为"第四代体育馆"的伟大建筑，见证的不仅仅是人类 21 世纪在建筑与人居环境领域的不懈追求，也见证着中国这个东方文明古国不断走向开放的历史进程。

看着一块块各型的钢架在几十米的高空对接，角度的调整，机位的控制，方向的转向，在空中完成钢结构的架置。各种位置的焊接，师傅们悬空作业，仰面电气焊，火花四溅，一点点小小的缝隙，都在他们的精湛技术下，完美焊绣。"鸟巢"还有一个形象的称谓："焊绣"精品。与传统的横竖直线条钢结构工程不同，5 万吨各种不规则的钢梁和构件通过相互焊接、支撑，组成了网格状马鞍形的"鸟巢"外观。为了给观众挡风遮雨，在顶部铺设专用建筑膜，年轻的农民工兄弟，冒着生命危险，在距离地面七八十米的高空，没有着力点的情况下，用绳链拴住身体，向下纵身滑去。工人们以极其严格的标准"编织"出的这一"焊绣"精品（图 2-2），被美国《时代》周刊评为 2007 年世界十大建筑奇迹之一。

而这些普普通通的劳动者，正是对"工匠精神"的完美诠释。工匠不仅要具有高超的技艺和精湛的技能，而且还要有严谨、细致、专注、负责的工作态度和精雕细琢、精益求精的工作理念，以及对职业的认同感、责任感、荣誉感和使命感。敬业是从业者基于对职业的敬畏和热爱而产生的一种全身心投入的认认真真、尽职尽责的职业精神状态；精益就是精益求精，是从业者对每件产品、每道工序都凝神聚力、精益求精、追求极致的职业品质；专注就是内心笃定而着眼于细节的耐心、执着、坚持的精神，这是一切"大国工匠"所必须具备的精神特质；"工匠精神"还包括追求突破、追求革新的创新内蕴。古往今来，热衷于创新和发明的工匠们一直是世界科技进步的重要推动力量。历史上不会有他们的名字，却是他们是用心在为国人建筑梦想。他们是鸟巢真正的功臣，也是鸟巢的丰碑人物。

图 2-2 "鸟巢"焊接现场

（图片来源：中国机床网）

2.2.2 上海中心大厦

1）项目简介

上海中心大厦是上海市的一座超高层地标式摩天大楼，坐落在美丽的黄浦江畔。上海中心大厦项目面积 43.4 万 m^2，建筑主体为 119 层，总高为 632 m，结构高度为 580 m。上海中心大厦作为一幢综合性超高层建筑，以办公为主，其他业态有会展、酒店、观光娱乐、商业等。大厦分为 5 大功能区建造，包括大众商业娱乐区域，低、中、高、办公区域，企业会馆区域，精品酒店区域和顶部功能体验空间。其中"世界之巅"即是功能体验区，有城市展示观看台，娱乐，VIP 小型酒吧、餐饮、观光会晤等功能。另外，在大厦裙房中还设有容纳 1 200 人的多功能活动中心。

此外，2 至 8 区，每区的底部每隔 120° 就有一个由双层幕墙组成的空中大堂，全楼共有 21 个这样的空中大堂，大堂内视野通透，城市景观尽收眼底，为人们提供了舒适惬意的办公和社交休闲空间，以及日常生活所需的配套服务。

上海中心大厦位于地下二层的公共通道连接地铁 2 号线及在建中的 14 号线，并与金茂大厦、环球金融中心及国金中心相互连接。

2008 年 11 月 29 日上海中心大厦进行主楼桩基开工。2016 年 3 月 12 日，上海中心大厦建筑总体正式全部完工。2016 年 4 月 27 日，"上海中心"举行建设者荣誉墙揭幕仪式并宣布分步试运营。2017 年 4 月 26 日起，位于大楼第 118 层的"上海之巅"观光厅正式向公众开放。

上海中心大厦与环球金融中心、金茂大厦组成的超高层建筑群，使陆家嘴成为上海新的城市名片。充分体现了我国社会主义市场经济的优越性，成了上海国际金融中心的一道靓丽风景线。

图 2-3　上海中心大厦全景效果图

图 2-4　上海中心大厦建造过程图

（1）设计方案

上海中心大厦项目的筹备工作很早就已启动。2006 年 9 月，在上海环球金融中心"茁壮成长"之际，上海有关部门开始组织"上海中心"项目的招投标，包括国际著名的美国 SOM 建筑设计事务所、美国 KPF 建筑师事务所等都提交了设计方案，上海现代建筑设计集团也组织了集团内部的设计单位进行设计。

2007 年 12 月中旬，有关各方在上海城投（集团）有限公司召开了"Z3-2 地块规划研究成果专家评审会"，开始对设计方案进行评审。设计方案由全国知名建筑专家组成的评审团在全球征集的方案中初步筛选出 9 个初选方案，此后再从 9 个方案中选出 4 个，最终圈定一至两个方案作为最终实施候选方案。

与绝大多数现代超高层摩天楼一样，上海中心大厦不只是一座办公楼。上海中心大厦的 9 个区每一个都有自己的空中大厅和中庭，夹在内外玻璃墙之间。1 号区是零售区，2 号区到 6 号区为办公区，酒店和观景台坐落于 7 号到 9 号区。空中大厅的每一层都建有零售店和餐馆，成为一个垂直商业区。

上海中心大厦有两个玻璃正面，一内一外，主体形状为内圆外三角。形象地说，就是一根管子外面套着另一根管子。玻璃正面之间的空间为 90 cm 到 10 m，为空中大厅提供空间，同时充当一个类似热水瓶的隔热层，降低整座大楼的供暖和冷气需求。降低摩天楼的能耗不仅有利于保护环境，同时也让这种大型建筑项目更具有经济可行性。

（2）施工特点和难点

该项目采用钢筋混凝土核心筒及外围钢框架结构体系。裙房底下 5 层，地上 5 层，高度为 37 m，采用钢框架结构体系。项目建筑超高，造型奇特，结构复杂，工程建设将面临许多工程技术难题：

① 结构体系超复杂，施工难度大。一方面，核心筒墙体和翼墙内设置大量钢柱和剪力钢板。核心筒剪力墙内设置最厚达 75 mm 的单层钢板，翼墙内设置最厚达 105 mm 的双层钢板，施工难度大，裂缝控制要求高。另一方面，主楼外挑桁架层有 8 道，其中外伸臂桁架穿过核心筒与巨型柱相连并外挑，外挑最大达 16 m，桁架在平面方向由环带桁架相连，环带桁架穿过巨型柱与角柱，钢板最大厚度达 120 mm。重型桁架施工难度以及悬挑钢结构施工方法超出常规。

② 钢筋混凝土结构施工难度大，核心筒体型变化大，竖向结构多，模板系统体型适应性和施工效率要求高，混凝土强度等级达 C70，核心筒浇注高度约 574 m，高强混凝土超高层泵送是个难题。

③ 地下深度超深。项目为首次在软土地基区域建造 600 m 以上超高层建筑中采用钻孔灌注桩，成孔深度超过 80 m，超长超深钻孔灌注桩成孔质量和垂直度控制要求极高。

④ 工程体量超大。项目总建筑面积筑面积相当于两个金茂大厦、1.5 个环球金融大厦，主要实物量土方 100 万 m³、混凝土 56 万 m³、钢筋 9.3 万 t、钢结构 12 万 t、幕墙约 24 万 m²、机电设备 6 000 多台、电梯 154 台等。

⑤ 钢结构施工遇到多重挑战。钢结构总用钢量达 10 万 t，构件重量大，空间分布广，吊装设备选型要求高，钢构件板材厚，高空焊接量大，施工环境差，焊接质量控制难。

⑥ 幕墙施工难度大。幕墙面积达到 14 万 m²，由 20 357 块玻璃组成，每一块的形状都不同。第一，玻璃怎么加工，现场安装怎么装？这是一个很难的难题。第二，因为高楼会微微地有一些震动，所以这个幕墙是可以动的，即柔性幕墙，这跟传统的幕墙完全不一

样，同时，每一块玻璃幕墙的重量都有数百千克，一方面，柔性幕墙安装的一个关键设备"滑移支座"需要进口，除了进口零部件时间很长以外，滑移支座在国外的应用高度也就一百多米，600 多 m 的高度应用也是一项巨大的挑战（国内外无应用先例）；另一方面，"滑移支座"加工制作、安装精度要求高，变形协调控制难度大。

⑦ 施工组织和协调管理难度极大。工程地处陆家嘴金融贸易区，周边环境复杂，安全生产、文明施工和环境保护要求高；工程规模庞大，工期紧张，裙房逆作施工与主楼顺作施工同步进行，主楼各专业流水搭接施工，整个工程施工组织和协调管理难度极大。

（3）建设历程

① 底板浇筑。上海中心大厦主楼 61 000 m³ 大底板混凝土浇筑工作于 2010 年 3 月 29 日凌晨完成，如此大体积的底板浇筑工程在世界民用建筑领域内开创了先河。上海中心大厦基础大底板浇筑施工的难点在于，主楼深基坑是全球少见的超深、超大、无横梁支撑的单体建筑基坑，其大底板是一块直径 121 m，厚 6 m 的圆形钢筋混凝土平台，11 200 m² 的面积相当于 1.6 个标准足球场大小，厚度则达到两层楼高，是世界民用建筑底板体积之最。其施工难度之大，对混凝土的供应和浇筑工艺都是极大的挑战。作为 632 m 高的摩天大楼的底板，它将和其下方的 955 根主楼桩基一起承载上海中心 121 层主楼的负载，被施工人员形象地称为"定海神座"。

② 结构封顶。主体封顶：2013 年 8 月 3 日上午，随着大厦主体结构最后一根钢梁吊装就位，上海中心大厦实现主体结构封顶，按计划达到 125 层、580 m 的高度。

塔冠封顶：2014 年 8 月 3 日，上海中心大厦于全面结构封顶，顺利到达 632 m 最高点，刷新申城天际线新高度。

③ 土建竣工。上海中心大厦于 2014 年底基本完成土建竣工，2015 年年中投入运营。日均办公、观光、购物、酒店住客人群 3 万~4 万人次。整幢大楼共有 24 个空中花园，其中 118 层和 119 层是主要的观光层。

④ 亮灯测试。2014 年 10 月 29 日，上海中心大厦外墙安装彩灯，开始测试亮灯。

⑤ 玻璃幕墙。2014 年 11 月 19 日，历时 2 年 3 个月，上海中心总面积达 14 万 m² 的主楼玻璃幕墙全部安装到位。

⑥ 实现通气。2015 年 4 月，上海中心大厦综合燃气管道工程完成埋地钢管镶接作业，大厦锅炉和三联供通气进入调试阶段，标志着上海中心成功实现通气，天然气供气高度达到 557.94 m。

⑦ 正式完工。2016 年 3 月 12 日，上海中心大厦建筑总体正式全部完工。

⑧ 观光厅开放。上海中心大厦继 2016 年 4 月底宣布部分试运营后，位于大楼第 118

层的"上海之巅"观光厅 2017 年 4 月 26 日起正式向公众开放。

2）背后的故事

（1）荣誉墙

历经 7 年多时间、2 000 多个日日夜夜的精心建设，4 月 27 日，632 m 高的垂直城市——上海中心大厦开始分步试运营。在这个值得铭记的日子里，"上海中心"为参与工程建设的 4 000 多名建设者树立的荣誉墙正式揭幕。

"上海中心"这座"超级工程"的建成凝聚着各参建单位以及参建个人的执着追求、辛勤耕耘、忘我拼搏和无私奉献，他们用点点滴滴的奉献，诠释着当代"工匠精神"。为了发扬"劳动最光荣"的优良传统，铭记每一位参建者做出的贡献，"上海中心"专门在主楼西面，面向银城中路的一处设立了一面长 60 m、琉璃材质的荣誉墙，上刻 500 家单位、4 021 位个人的名字，向他们付出的汗水与努力表示感谢和致敬。为建设者树立荣誉墙的做法在上海建设系统尚属首次。

21 年前从江苏南通来沪打拼的龚苏华，是 4 000 多名建设者中的一员。他从一名普通的电焊工转战在上海的各大工地，并利用业余时间苦学专业知识。自从 2010 年上海中心启动钢结构施工以来，龚苏华和 200 余名工友一起，在钢结构施工岗位上一待就是 6 年，他们通过最新的建筑信息模型技术，确保大楼钢结构焊接的精准严密。在上海中心的建设平台上，龚苏华从一名劳务工，成长为上海建工机施公司的一员，如今已是独当一面的项目副经理了。"我们的个人成长，就像上海中心一样，强基固本，稳健向上。感谢上海中心没有忘记我们，上海没有忘记我们！"陈景明从上海中心开工一直到建成，在工地干了 8 年。他高兴地参加了荣誉墙揭幕："我的名字在墙上！"这是多么自豪的荣誉感啊！

荣誉墙上收录的，是参加工程一年以上的建设者的姓名，其中三分之二以上是工作在一线的普通劳动者。上海中心大厦建设发展有限公司总经理顾建平说，实际上为上海中心作出贡献的，还远远不止这个数字。"所有这些人都会以上海中心为荣，上海中心也将永远记住这些人。"

建设者们无怨无悔的奉献精神，精益求精的工匠精神，顽强攻坚的战斗精神，都是值得大家学习的。我们要更新观念，正确把握，进行创造性转化与创新性发展，把执着的工匠精神提高到全社会的价值导向和时代精神层面，真正让工匠精神成为推动我国迈向国际强国的巨大精神力量。不得不赞扬建设者们的还有他们通力协作的团队精神，一群人为了实现一个共同的目标，相互信任，相互配合，相互支持，全力以赴，不怕困难，不怕牺牲，努力争取，才能完成一个个伟大的超级工程。真正的团队精神是什么？就是一种真正的信任，真正的配合与支持。

（2）世界第二大奇观 632 m 上的浦东绝美大片是如何炼成的

曾经，"宁要浦西一张床，不要浦东一间房"道尽了浦东与上海老城区之间的巨大落差。如今，一条黄浦江，连接着上海的过去和未来。浦东一跃成为世界级金融中心，一座座充满时尚感的摩天大楼构建起中国最美城市天际线。而这天翻地覆变化的背后，离不开如魏根生一样的高空造梦的上海建筑人（图 2-5）。魏师傅可不简单，凭着一手绝美大片，在上海已是家喻户晓。

图 2-5　魏师傅在高空摄影
（图片来源：人民网）

魏师傅一辈子与天空结下了不解之缘，从小就想当飞行员的他，虽然通过了空军的招飞体检，却被分到了某空军基地做了飞机维护的工作。1975 年从部队退伍之后，机缘巧合又成了高空塔吊司机。20 多年来，魏根生见证了"上海之巅"的不断崛起：1996 年的金茂大厦，1999 年的新世界大厦，2003 年的南京路世贸大楼，2007 年的国际金融中心，2017 年的"中国第一高楼"上海中心大厦……在魏师傅的吊臂下，一幢幢摩天大楼拔地而起，上海的天际线在不断刷新。

魏师傅是位十足的摄影爱好者，在他的镜头里，有云海之中喷薄而出的旭日，有夕阳下吊车映照在云间的影子，有黄浦江面往来如织的船舶，有脚下目眩神迷的高楼丛林。"在高空工作以后，我感觉视线比别人好，看到的美景角度跟别人不一样，慢慢地就记录了下来。"他的这份"一览众山小"的豪迈，让更多的壮美景致，透过镜头展现在世人面前。

高空塔吊是一个需要耐得住寂寞的工作，一天 12 个小时，魏师傅基本都是在 1.8 m^2 的驾驶室里度过。刮风、雷暴、酷暑、冰雪，这些极端天气都成了工作中的家常便饭。如此艰苦的工作环境，老魏却乐在其中，有了相机的陪伴，这些大自然的馈赠，反而成了常人镜头中难得一见的绝美景致。

如今，魏根生和众多建设者的名字镌刻在了上海中心大厦前的名人墙上。云端在顶上，城市在脚下，他们诉说着光阴的故事，也在见证着一座城市的梦想。

2.2.3 敦煌国际会展中心

1）项目简介

敦煌，"敦，大也；煌，盛也。"敦煌是历史上东西方文化交汇的重要枢纽。在千年时光中，不同国家、不同民族的人们沿着丝绸之路在此汇聚，塑造了独具魅力的敦煌文化，演绎了丰富多彩的敦煌故事。

敦煌国际会展中心（图 2-6），首届丝绸之路（敦煌）国际文化博览会主会场，总建筑面积 13 万 m^2，包含两座东西对称、面积结构一致的展览中心和居中的一座会议中心，是目前甘肃乃至西北地区承载人数最多、规模最大、功能最全的会展中心，也是敦煌市标志性建筑之一，是敦煌市推动文化与旅游深度融合发展的代表项目。敦煌国际会展中心因敦煌文博会而建，于 2016 年 8 月 20 日正式交付使用，2016 年 12 月 18 日全面启动常态化运营。

丝绸之路（敦煌）国际文化博览会主要场馆工程由中建股份采用装配式建造 +EPC 工程总承包模式建造。历时 8 个月，在戈壁荒滩上，建成敦煌大剧院、国际酒店、国际会展中心等 26 万 m^2 的建筑群和一条 32 km 的景观大道，总投资 43 亿。在敦煌文博会主要场馆中，中建八局、中建科技、中建上海院、中建装饰、中建钢构、中建物资、中建电子、中建安装等系统内优势力量，通过高效组织协调，同步推进，全力释放了 EPC 总承包模式的潜力，将不可能完成的工程难题变成现实，创造敦煌奇迹。

图 2-6　敦煌国际会展中心效果图

（图片来源：搜狐网　杜雨林　摄）

（1）设计理念

项目设计细节精益求精。斗拱是中国古建筑中的特有构件，是古建筑中最精巧和华丽的部分。在室内装饰斗拱的设计中，我们既要注重其在整体结构中的合理性，又要充分推敲每朵斗拱中栌斗、华拱、散斗的构造和比例关系，严格遵循《营造法式》中的构造比例，同时还需要充分体现出其在空间中的视觉冲击力。入口大厅上方两根大梁之间因结构加固增加的一根矮柱是整个空间设计的难点，如何巧妙地处理柱子，使之融入整个空间氛围是关键，经过多方案的对比论证，最终选择采用古建筑中的隔架斗拱的方案便很好地解决了这个难题。

注重国际化元素导入。敦煌是古丝绸之路上四大古文明的交汇之处，我们在进行室内设计时，在整体汉唐风格基础上，对部分独立空间引入了伊斯兰、印度和欧洲文明的设计元素。既体现出汉唐文化的博大和包容，又充分反映出各大文明相容共生的繁荣景象。同时，在标识导视系统设计时，充分考虑了国际通用识别的需求，采用了国际通用识别符号、中英双语说明；在多媒体导视系统内，还植入了丝路沿线国家多国语言导引系统。在会议系统设计中，按照国际会议标准配备 15 个语种同声传译系统；会议座椅的选择上，也充分考虑国际友人的体型较大元素，选择了较为宽大舒适的会议座椅，这些都是我国对外开放政策的体现。近年来，"一带一路"建设为我国经济发展源源不断注入了生命力，习近平总书记在 2018 年 4 月 10 日的博鳌亚洲论坛讲话中向世界宣告："中国开放的大门不会关闭，只会越开越大！实践证明，过去 40 年中国经济发展是在开放条件下取得的，未来中国经济实现高质量发展也必须在更加开放条件下进行。"开放带来机遇，竞争促进发展。

只有不断扩大对外开放和不断加强对外经济技术交流，积极参与国际交换和国际竞争，以生产和交换的国际化取代闭关自守和自给自足，促进经济的变革，使我国经济结构变为开放型经济，这是我国经济发展壮大的有效途径，既是中国经济腾飞的一个秘诀，也是中国全面建成小康社会必由之路。

设计风格吸收了中国古代建筑文化精华，采用了大坡屋顶、高塔、高台基、墙体、古典窗格、柱梁斗拱等富有中国特色的建筑元素，并结合现代建筑的造型手法，塑造了端庄的建筑形象，体现了对中国传统文化的传承和对敦煌当地文脉的延续。整体建筑群的形象，与基地南侧延绵起伏的鸣沙山遥相呼应，完美地融为一体。

（2）项目亮点

①亮点一：规模宏大、规划严整。项目背靠鸣沙山，充分融合了丝路文明及汉唐建筑的精髓特征，规模宏大、规划严整，是单体最大的汉唐风格建筑。建筑外观完整呈现了汉唐建筑的磅礴、浑厚的建筑风貌，汲取并保留了古典建筑的经典元素及比例关系，同时摒弃了古典建筑烦琐的结构构件，以现代的建筑设计语言重构建筑组群，使建筑给人以大器、简洁、震撼的美感，体现了汉唐时期包容、方正、大气的格调。建筑整体安静凛然，强调沿着自然与历史的轨迹将汉唐开放的社会意识形态融入未来。20幅原创设计雕刻瓷砖壁画，点缀在东西两楼的外立面，壁画充分展现了中国文化的博大精深和丝绸之路的源远流长。

②亮点二：汉唐遗风、博古通今。入口门厅规模宏大，气势如虹。作为会议中心唯一的入口大厅，室内迎宾仪式将在这里举行。设计将敦煌古建筑中的覆斗式藻井、斗拱结构和祥云图案，以现代表现手法和材料工艺加以应用，柱身及柱脚雕刻有祥云纹及海浪纹，加上墙面丝绸米黄石材，地面海洋米黄石材，寓意"一带一路"主题，配以柔和的软膜灯片，营造出简洁、现代而又不失汉唐遗风的高大空间。

③亮点三：细节考究，国际视野。国际会议主会场可同时容纳1 500人参会，空间设计采用中式传统的梁柱斗拱元素、柱廊和活动屏风，仔细推敲装饰斗拱构件的比例关系和结构合理性，兼顾视觉冲击力。会展中心各主要空间室内设计风格，在整体汉唐建筑的基础上，对部分独立空间引入伊斯兰、印度和欧洲文明的设计元素，既体现汉唐文化的博大和包容，又充分反映出丝绸之路沿线国家各大文明相容共生的繁荣景象。

④亮点四：绿色环保，集约高效。建筑外立面、展馆内装、广场铺贴石材均采用敦煌当地特色花岗岩石材，质优价廉、色泽饱满，同时由于就地取材极大地节约了采购和运输成本，加快了施工进度，有效促进了当地经济发展。装饰全面采用环保材料和工艺。木饰面板大量采用金属铝板转印木纹的新型工艺。实木贴皮面板则全部采用工厂化加工成品

现场组装施工工艺，保证现场有害污染物降到最低值。吊顶均采用石膏板或金属材质，无有害污染物挥发。家具选购严控采购及验收流程，监控生产过程，确保成品环保性远高于国家标准。

图 2-7　敦煌国际会展中心内部图片 1　　　　图 2-8　敦煌国际会展中心内部图片 2
　　　（图片来源：济南日报）　　　　　　　　　　　（图片来源：济南日报）

2）背后的故事——"敦煌的女儿"樊锦诗

国学大师季羡林先生曾说过："世界上历史悠久、地域广阔、自成体系、影响深远的文化体系只有四个：中国、印度、希腊、伊斯兰，再没有第五个；而这四个文化体系汇流的地方只有一个，就是中国的敦煌和新疆地区，再没有第二个。"敦煌文化的灿烂，正是世界各族文化精粹的融合，也是中华文明几千年源远流长不断融会贯通的典范。社会主义制度坚持共同的理想信念、价值理念、道德观念，弘扬中华优秀传统文化、革命文化、社会主义先进文化，促进全体人民在思想上精神上紧紧团结在一起，敦煌文化是一种在中原传统文化主导下的多元开放文化，敦煌文化中融入了不少来自中亚、西亚和我国西域、青藏、蒙古等地的民族文化成分，呈现出开放性、多元性、包容性。

敦煌学以敦煌遗书、敦煌石窟艺术、敦煌学理论为主，兼及敦煌史地为研究对象的一门学科。涉及敦煌学理论、敦煌学史、敦煌史事、敦煌语言文字、敦煌俗文学、敦煌蒙书、敦煌石窟艺术、敦煌与中西交通、敦煌壁画与乐舞、敦煌天文历法等诸多方面，是研究、发掘、整理和保护中国敦煌地区文物、文献的综合性学科。敦煌学的研究和发展离不开一个人——樊锦诗。她 1963 年 7 月从北京大学历史系毕业后，面对北京与上海的选择，樊锦诗毅然选择了千里之外的西部小镇，一来敦煌就再也没有离开。40 余年来，樊锦诗潜心于石窟考古研究工作。她运用考古类型学的方法，完成了敦煌莫高窟北朝、隋及唐代前期的分期断代，成为学术界公认的敦煌石窟分期排年成果。她撰写的《敦煌石窟研究百年回顾与瞻望》，是对 20 世纪敦煌石窟研究的总结和思考。由她主编，商务印书馆（香港）有限公司出版的 26 卷大型丛书《敦煌石窟全集》则是百年敦煌石窟研究的集中展示。她带领科研人员，在石窟遗址的科学保护、科学管理上走出了一条切实可行之路，初步形成了一些石窟科学保护的理论与方法。她最早提出利用计算机技术实现敦煌壁画、彩塑艺术永久保存的构想，首次将莫高窟用多媒体及智能技术展现在人们面前。作为中国首批列入《世界文化遗产名录》的文化遗产，她把文物保护与合理利用紧密结合起来，在充分调查研究的基础上，提出了"莫高窟治沙工程""数字敦煌馆工程"等十三项文物保护与利用工程，为新世纪敦煌文物的保护与利用构筑了宏伟蓝图。樊锦诗甘愿用生命守护敦煌，被称为"敦煌的女儿"，展现了坚守大漠、甘于奉献、勇于担当、开拓进取的"莫高精神"，传递了正能量，值得我们去学习和弘扬。

习近平总书记在实地考察敦煌莫高窟时指出："敦煌文化是中华文明同各种文明长期交流融汇的结果。我们要铸就中华文化新辉煌，就要以更加博大的胸怀，更加广泛地开展同各国的文化交流，更加积极主动地学习借鉴世界一切优秀文明成果。"[1] 现在流行的敦煌学就是要让敦煌文化"走出去"。"敦煌在中国，敦煌学在世界"。敦煌石窟艺术和藏经洞出土文物，本身具有国际化的禀赋，是不同文明交流互鉴的结晶。习近平指出："要加强敦煌学研究，广泛开展国际交流合作，充分展示我国敦煌文物保护和敦煌学研究的成果。"要充分展示敦煌文物保护和敦煌学研究成果。要继续挖掘整理敦煌文化蕴含的人文价值和现代精神，讲好敦煌故事；要贴近群众需要和高标准的审美需求，开发丰富的文化创意产品，创作多元融合的敦煌文化文艺作品，增强敦煌文化的艺术吸引力；要借助数字化、互联网等现代技术开拓更加多样的传承载体和传播渠道，将敦煌故事打造成世界独树一帜的文化品牌。

2.2.4　北京大兴国际机场

1）项目简介

北京大兴国际机场（Beijing Daxing International Airport），位于中国北京市大兴区及河北省廊坊市广阳区交界处。机场距离北京天安门 46 km，距离廊坊市 26 km，距离雄安新区 55 km，距离首都国际机场 67 km；定位为大型国际航空枢纽、国家发展一个新的动力源、支撑雄安新区建设的京津冀区域综合交通枢纽。

坚持全国一盘棋，调动各方面积极性，集中力量办大事，北京大兴国际机场就是我们这一制度优势最具代表性的体现之一。北京大兴国际机场于 2014 年 12 月开始动工，于 2015 年 9 月全面开工，时名"北京新机场"。2018 年 9 月，机场定名为"北京大兴国际机场"。2019 年 9 月 25 日，机场正式投运。

---

[1] 资料来源：学习中国。

北京大兴国际机场航站楼综合体建筑 140 万 m²，可停靠飞机的连廊展开长度超过 4 000 m。机场规划四纵两横 6 条民用跑道，本期建设三纵一横四条跑道、268 个停机位。机场建成了"五纵两横"的交通网络，1 小时通达京津冀。

北京大兴国际机场是一座跨地域、超大型的国际航空综合交通枢纽。在经历了 7 次综合模拟演练、3 场验证试飞之后，北京大兴国际机场迎来它"凤凰展翅"的高光时刻。2019 年 9 月 25 日，北京大兴国际机场正式投运。北京大兴国际机场的开通与首都机场的运营，形成了两座大型国际航空枢纽南北遥相呼应，将使北京"飞"入双枢纽时代！

作为 20 年内全球范围规划新建设的最大机场之一，被英国《卫报》评为新"世界七大奇迹"榜首的机场，北京大兴国际机场"五纵两横"的地面交通网、"四进四出"的空中航班波，正创造着多项世界之最：世界规模最大的单体机场航站楼，世界施工技术难度最高的航站楼，世界最大机场钢屋盖，全球首座高铁地下穿行的机场航站楼，全球首座双进双出（双层出发双层到达）的航站楼……再次吸引了世界目光，注目她的优雅起飞。习近平总书记在中国共产党第十九次全国代表大会报告中明确提出"在本世纪中叶建成富强民主文明和谐美丽的社会主义现代化强国"这一目标。科技是国之利器，我国近年来在科技方面取得了多项历史性成就，人类历史上最大的射电望远镜 FAST、全球最大的海上钻井平台"蓝鲸 2 号"、C919 大飞机、"墨子号"量子通信卫星、磁悬浮列车研发、5G 技术……这些举世瞩目的科研成果展现了大国风采，正引领人们走向新时代。北京大兴国际机场的建成，标志着我国向社会主义现代化强国的目标又迈进了一步。大兴国际机场的建成投入使用，也体现了科技强国，勇于攻坚克难，发扬开拓进取的中国精神。只有继续坚定不移地走科技强国之路，才能让中国屹立于世界之林，真正实现中华民族伟大复兴。

图 2-9　北京大兴国际机场全景

（1）规模大

科幻感十足的巨型穹顶，由 63 400 根钢结构焊接而成，总重量达 5.5 万 t，约等于半个鸟巢的用钢量。每一根钢构件焊接误差不能超过 2 mm。

就拿加油来说，北京大兴国际机场建起了中国目前最大、最先进的"飞机加油站"。不同于汽车加油，飞机的油耗是十分惊人的，以空客 A380 为例，一次可加满 150 t 航油。这座超级加油站仅机坪管网就有 50 余 km 长，仅在机坪上布置安装的管线就有 50 km，198 km 的津京第二输油管道、16 万 m³ 的油库库容都是中国航油一次性建设规模最大的工程。

作为新机场的"大动脉"，津京第二输油管道是管径最大、管材钢级最高、输送里程最长、设计输送能力最大的长输管道，是北京大兴国际机场的关键配套工程。

（2）有智慧

在空管先进性方面，大兴机场拥有超强空管系统，还有很多"第一"和突破：全国第一个实现装有平视显示器的飞机在跑道视程 75 m 的情况下就可以起飞；全国第一个实现开航即具备盲降三类 B 运行标准；在全国率先实现高级地面引导系统四级标准，自动识别飞机在跑道及滑行道上运行的潜在冲突，并发出告警，自动对滑行路线进行规划以及地面灯光引导；在低能见度条件下的保障能力在世界范围内属于先进水平，大雾、雾霾天气对旅客出行的影响大为降低。首次引入进离港排序功能，对进港和离港航班自动排序，减少飞机盘旋和跑道等待，合理调配空域和机场资源，进一步提升运行效率。

大兴机场拥有国内首个"全向型"跑道构型飞行区，飞行区四条跑道采用"三纵一横"全向构型，三条平行、一条侧向，在国内尚属首次。较于传统全平行的跑道，全新跑道布局每年可减少碳排放约 5.88 万 t。两条跑道助航灯光全部采用 LED 光源，是国内首次全部采用节能光源的跑道。

（3）超便利

完备的交通设施，让新机场"触手可及"。北京轨道交通新机场线一期全长 41.4 km，途经丰台、大兴两区。全线共设草桥站、磁各庄站和新机场北航站楼站 3 座车站和磁各庄 1 座车辆段。

新机场线建设引入全周期投融资模式，是北京市第一条从投资、建设到运营全周期采用政府和社会资本合作模式（PPP）的城市轨道交通线路。

北京轨道交通新机场线采用了世界最高等级、具有完全自主知识产权的全自动驾驶系统，车辆将首次采用基于城际平台的市域车型，最高可达 160 km/h，是国内城市轨道交通最高速度，届时从草桥站到新机场仅需 19 min。从安检口步行至任何一个指廊最远端的远机位，最长不超过 650 m，所需时间不超过 8 min。

随着大兴机场的建成，京津冀三地机场将重新分工、协调联动。其中大兴国际机场和首都国际机场分别覆盖不同的客户领域，形成具有国际竞争力的"双枢纽"；天津滨海国际机场将发展成为区域枢纽机场，成为北方国际航空货运中心；石家庄正定国际机场将发展成为航空快件集散及低成本航空枢纽。

大兴国际机场外围基础设施建设在服务新机场的同时，也加强了区域的互联互通。通过与首都大外环高速、京开高速（河北段）、京雄城际（河北段）等区域城际铁路、高速公路等骨干交通线的连接，大兴国际机场旅客可 1 h 通达天津、保定、廊坊等城市，周边节点城市将被纳入环首都"1 小时交通圈"。

（4）颜值高

天安门沿城市中轴线往南 46 km 处，金色的北京大兴国际机场航站楼在艳阳下熠熠生辉，"凤凰展翅"造型分外壮观。

航站楼内部主色调为白色，带给人梦幻般的科技感。航站楼的屋面，由不规则自由曲面的空间网络钢结构组成，屋面投影面积达到 18 m²。这么大的面积，这么重的屋盖，主要是由 8 根中心的 C 形柱支撑，几乎无柱的巨大中厅为乘客提供了最大化的公共空间。航站楼的屋顶覆盖了超过 8 000 块的玻璃，最大限度地利用了自然的光线。铝网夹芯的玻璃，既能保证太阳光的透过，又具有遮阳的效果。

图 2-10　北京大兴国际机场内部图片 1　　　图 2-11　北京大兴国际机场内部图片 2
　　　（图片来源：搜狐网）　　　　　　　　　　（图片来源：搜狐网）

新机场多的是"中国元素"。作为大兴国际机场的设计亮点，五指廊的端头分别建成了五座"空中花园"，主题包括丝园、茶园、田园、瓷园和中国园。它们以中国传统文化意象设计构造，可供旅客在候机或转机过程中休息放松。离港站台、扶梯等细节，都充斥着满满的"中国风"，体现了中国文化深厚的底蕴、特有的魅力。

2）背后的故事——项目经理李建华

11 年前，在完成了北京首都国际机场三号航站楼的建设后，38 岁的李建华觉得，国内短期可能不会再有更大规模的机场了。从参加工作开始，先后参与过首都国际机场二号航站楼、三号航站楼建设的李建华，受委派出国到也门去建设机场。当年的他没想到的是，仅仅 11 年时间，北京大兴国际机场即将竣工。更让他不曾想到的是，自己将担任航站楼核心区工程的项目经理。建成后，这里将成为世界上单体最大的机场航站楼。

在航站楼的门口，立着一块倒计时牌，提醒着 2019 年 6 月 30 日的竣工日期。工地内，仍然有近 4 000 名施工者在忙碌。

在外人看来，最辛苦的时候已经过去，但李建华不这么认为。每天，他仍然会在航站楼的工地里来回巡视。"要做到零缺陷。"李建华常对工人师傅这样说。大学毕业后，李建华来到首都机场二号航站楼建设工地，成为一名技术人员。受制于技术水平和管理水平，当年的二号航站楼存在不少可以改进的地方，但那却是让他印象最深的一个工程，代表着自己的青春岁月。"南北向 747 m、东西向 343 m。"直到现在，李建华仍能脱口而出当年的数据。

图 2-12　北京城建集团新机场建设副总指挥李建华在施工现场

（图片来源：北京城建集团公众号/搜狐网）

三号航站楼建成后，李建华受委派来到也门，参加当地机场的建设。那一段经历，让他打开了国际视野。"那个工程，是真正的国际化。"从也门回国后，李建华开始参与北京大兴国际机场的建设。

在距离竣工还有 2 个月的时候，李建华对机场有了新的看法。他觉得，以人为本才是北京大兴国际机场最值得自豪的地方，再多的专业指标也比不过旅客的感受。航站楼的顶部采取了漫反射的设计，白色漫反射吊顶板数量达到 12 万多块。"通过安检后，旅客步行走到最远登机口的距离约是 600 m，时间约 8 min。"李建华说，"如果我是旅客，'漫反射'会不会让我觉得灯光更舒服，不刺眼呢？如果是，我就知足了。"

李建华与机场建设的缘分持续了 24 年。他把机场看成观察经济发展、社会发展的一面镜子。"从三座机场的技术数据，能看出中国经济发展的高速度；从三次工程的管理来看，能看出中国工程管理水平的大发展。"李建华说，他的女儿来过工地，虽然不太懂工程上的事情，但她知道，自己的爸爸是在做一件特别伟大的事情。

北京大兴国际机场航站楼主体部分，总建筑面积约 60 万 m^2，其地下设立的轨道交通站规模相当于"北京站"并有高铁穿行，中心区域形成的无柱空间可以完整地放下一个"水立方"，顶上的屋面网架用钢量接近"鸟巢"，但工期却不到四年！这样的世界级挑战，能完成么？"这是党和国家交给我们的重任，我们必须不辱使命、精益求精，打造出世界级的精品工程。"李建华说，一刻都不能放松，一刻也不敢放松。

志之所向，无坚不入。从桩基工程开工至今，37 个月，1 000 多个昼夜奋战，李建华和他的团队先后攻克了世界最大隔震层安装、世界最大自由曲面钢网架提升等世界级难题，提前完成了一个又一个节点目标，不断刷新着机场建设的"中国速度"，终让"凤凰展翅"成功亮相。

2.2.5　重庆市人民大礼堂

1）项目简介

重庆，作为西部地区唯一的直辖市，近年来，是西部乃至全国发展较快的大城市。重庆成为城乡统筹改革发展实验区是一个大好机会，习近平总书记对重庆提出"两点"定位（西部大开发的重要战略支点，"一带一路"和长江经济带的连接点）、"两地两高"目标（内陆开放高地，山清水秀美丽之地；推动高质量发展，创造高品质生活）、发挥三个作用（在推进新时代西部大开发中发挥支撑作用、在推进共建"一带一路"中发挥带动作用、在推进长江经济带绿色发展中发挥示范作用）和营造良好政治生态，可见重庆的未来肯定更美好。重庆因其山地地貌，高层建筑众多，尤其是位于渝中区的解放碑商圈，超高层林立，在国际上享有盛名。其中，重庆来福士广场矗立在朝天门两江交汇之地，大气磅礴，已成为市民和游客的打卡胜地。

重庆市人民大礼堂，位于重庆市渝中区人民路 173 号，于 1951 年 6 月破土兴建，1954 年 4 月竣工，是一座仿古民族建筑群，是重庆十大文化符号，是中国传统宫殿建筑风格与西方建筑的大跨度结构巧妙结合的杰作，也是重庆的标志建筑物之一。

重庆市人民大礼堂由大礼堂和东、南、北楼四大部分组成。占地总面积为 6.6 万 m²，其中中心礼堂占地 1.85 万 m²。礼堂建筑高 65 m，大厅净空高 55 m，内径 46.33 m，圆形大厅四周环绕四层挑楼，可容纳 3 400 余人。

1987 年，英国皇家建筑学会和伦敦大学编写的《世界建筑史》中，首次收录了中华人民共和国成立后的 43 项工程，其中重庆市人民大礼堂位列第二位。2013 年 5 月，被国务院列入"第七批全国重点文物保护单位"。2016 年 9 月，重庆市人民大礼堂入选"首批中国 20 世纪建筑遗产"名录。

图 2-13　重庆市人民大礼堂全景

重庆市人民大礼堂的设计是仿明、清的宫殿形式，采用轴向对称的传统手法，结构匀称，对比强烈，布局严谨，古雅明快。中心礼堂正对中轴线，是圆形主体建筑，三层圆顶由大红廊柱支撑，绿色琉璃瓦，中心礼堂正中的金色"顶子"，参照了北京天坛的"祈年殿"设计。中间的半圆形球壳顶架为双层钢架结构，将中国古典建筑风格与现代西方建筑设计融为一体。舞台高 14.36 m，宽 23.2 m，舞台上方绘有民族彩绘。大礼堂中间三列设堂座加四层楼座共有 3 400 余个座位，最顶上一层为空调的出风口。

礼堂取中西合璧之建筑风格，主体部分仿天坛有祷祝"国泰民安"之意，正中的圆柱望楼，是北京天安门的缩影；南北两翼，镶嵌着类似北京紫禁城四角的塔楼；广袤的庭院中，前阶宽阔平展，梯次六重。一色绿色琉璃瓦顶、大红廊柱、塞栏杆。大门为一大牌坊。整个建筑布局和谐，雄伟壮观，雕梁画栋，金碧辉煌。重庆市人民大礼堂的牌坊整体以橘红和红色为主色调，上覆碧绿琉璃瓦，里外两面嵌以金色图案；造型四列三跨，具有典型的明清建筑风格。初建时期的牌坊为木结构，因曾经历两次火灾，后采用钢筋混凝土结构的仿木建筑形式。

　　走进之后威严感扑面而来，从建筑中体会到的独特美大概是它能给人精神上的凝聚力和威慑力的传递，踏上一个个台阶，越往上走，这种感受越是明显，重庆人民大礼堂不仅地势高，而且台基宽阔坚实，给人一种沉稳大气的感受，这是穿梭在重庆大街小巷高高低低的山坡上和现代建筑无法给予我们的。

图 2-14　重庆市人民大礼堂内景

2）背后的故事——大礼堂修建那些事儿

　　如果要评选重庆最具代表性的建筑，可能每个人心中都会有不同的答案。"迎官接圣"的朝天门，"精神堡垒"解放碑应该都会是大家的选择，而还有一个也不能忘记，它就是重庆市人民大礼堂。

　　在中华人民共和国成立之后，国内的经济、生活都处于比较低的水平，大部分基础设施都不具备。当时的重庆，是西南大区的中心，肩负着政治、经济、文化建设的重任。而此时的重庆，却连一个像样的集会场所都没有。因此，在 1951 年初，时任西南军政委员会领导人的刘伯承、邓小平、贺龙等人共同决议，要在重庆修建一座符合要求的大礼堂，而且必须要足够气派，不能小家子气。

　　首要的问题，就是具体位置的选择。在经过多方考察之后，最终选定了重庆市内马鞍山和蒲草田这块 40 多亩的荒地，同时另外征集了 50 余亩土地，用于大礼堂的修建。

　　1951 年 6 月，西南军区官兵和广大民工、机关义务劳动大军配合，采取"中西结合"

的方法，利用推土机、空压机和铁锹等工具，加上十多吨炸药的爆破，在极短的时间内，就处理掉土石方 30 余万 m³，让昔日的马鞍山变成了平坦大道。

在解决了选址的问题后，就需要给出大礼堂的具体设计方案。上面提到过大礼堂的独特设计是将天安门和天坛两者进行了结合，而这一设计方案又是出自哪位名家之手呢？

当时，重庆市人民大礼堂向社会公开征集设计方案，最终在一张长 3.91 m，宽 1.63 m 的白布上进行彩绘的设计方案脱颖而出，这正是来自张家德先生的设计。在如此巨幅的画布上呈现出重庆市人民大礼堂，是极其震撼的。

图 2-15　张家德手绘的"西南军政大会堂"（原名）方案效果图
（图片来源：搜狐网）

张家德，四川威远县人，毕业于南京中央大学建筑工程系，1941 到 1949 年在重庆开办了家德建筑事务所。作为重庆市人民大礼堂的总工程师，张家德先生付出了很多艰辛，同时也因为建设大礼堂的卓越成就被载入世界建筑史册。

1951 年 4 月，西南军政委员会工程处成立，工程处成员共计 40 余人，有来自西南建筑公司的工程技术人员、重庆大学和西南专科学校的应届毕业生、有关单位调入的行政及财务管理人员等。在经过了接近 3 年的艰苦奋战之后，大礼堂于 1954 年 4 月竣工。当时被定名为"西南行政委员会大礼堂"，在 1956 年时，因为西南大区撤销，更名为"重庆市人民大礼堂"。"接近 3 年的艰苦奋战"，这句话中，其实包含了很多不为人知的艰辛，工程技术人员奋战了多少个日夜，才完成了那些看起来几乎不可能的任务。

图 2-16　重庆市人民大礼堂穹顶

在大礼堂的修建过程中，技术难度最大的，莫过于位于最顶端的穹顶。这是一个跨度达到了 48 m 的大跨度屋架，如果依然采用传统的木质结构，是根本不可能完成的。因此，必须要使用钢架结构，在多方共同努力之下，通过采用网架钢的结构，顺利解决了这一大跨度钢架的问题。首先是按照比例缩制了一个半球形钢屋架模型结构，并且对它进行了荷载模拟试验，确保试验成功之后，才开始搭建精准比例的钢屋架，并且成功安装。而且，除了这一层钢屋架之外，在最外层，还附加了木质屋架，以求还原一种整体的传统建筑风格。也正是因为这样的设计，让重庆市人民大礼堂成为当时亚洲跨度最大的钢结构、砖木和混凝土结合的建筑。

建成后的大礼堂，占地 66 000 m²，建筑面积 18 500 m²，总高 65 m，主体高 55 m。圆形大厅四楼一底，大型舞台一座，设 3 400 余个座位。整个建筑用钢材 500 多 t，青砖 450 多万块，楠竹 35 000 多根，包含内部设备、家具等，工程总造价 430 余万元。而随着大礼堂的建成，它也开始发挥自己的重要功能，成为重庆接待中外贵宾的重要场所，包括众多的党和国家领导人，以及各国的总统、总理、首相等，都曾亲临大礼堂，并且对大礼堂称赞不已。随着大礼堂知名度的不断提升，越来越多的人慕名前来，让大礼堂成了重庆的热门旅游景点，并逐渐变成了重庆的一个文化符号。

随着时代的发展，大礼堂的很多基础设施已经无法满足需求，因此，重庆市也多次拨款对大礼堂进行维护修缮，并且升级内部的基础设施，包括内部的墙面、地面、卫生间的改造，舞台、座椅的全面升级，完善消防、空调系统等，让大礼堂能够与时俱进，继续为各类会议以及演出提供高品质的服务。

大家现在看到的是大礼堂和人民广场融为一体，其实在此之前，大礼堂是设有围墙的，总会让人有一种被隔离开的感觉。1997 年，大礼堂的围墙被拆除，拓建成了人民广场，这里便成了人民群众喜闻乐见的休闲之地。如今，大部分时间内，大礼堂都会向公众开放，大家购票后可以进入大礼堂内部参观。而在大礼堂组织各类会议或者有商业演出时，普通人也可以参与其中，它已经成为非常亲民的一种存在。

重庆市人民大礼堂是老一辈无产阶级革命家留下来的宝贵历史文化遗产，是中华人民共和国成立后第一座具有独特建筑风格的民族建筑。无论是在历史文化的象征意义上，还是在具体的实用性功能上，它都无可挑剔。与此同时，它也是重庆市的象征和标志性建筑，是每一个重庆人都应该深刻铭记的历史。

第 3 章

中国桥梁
——令世界瞩目的中国奇迹

导 读

本章首先从桥梁工程的定义、桥梁建设发展史及现代桥梁建设的成绩等方面介绍中国桥梁建造的概况，然后选取国内三个经典的桥梁建筑案例进行讲解，重点讲述了项目的基本情况、设计理念、建设过程、施工特点及难点等，并选取了桥梁建设工程背后感人的故事，见证榜样传递的正能量。

3.1 中国桥梁建设概况

3.1.1 桥梁定义及功能

桥梁是人类文明的产物，是人类社会进步与发展的一个重要标志。在人类最基本的生活需求——衣食住行中，桥梁是为人类的"行"服务的。从古到今，桥与人们的生活、生产紧密相连，息息相关，还与战争、宗教、戏剧、民俗等有着千丝万缕的关系。从它诞生的那一天起，就默默地为公众服务着。

桥梁是跨河越谷的人工构造物，是架空的路（管、槽），让行人、车辆、渠道、管线等安全通过。增强桥梁的跨越能力，以克服江河湖海、深谷陡崖、断层软基、风雪雨及地震等险境始终是桥梁建设者不断追求的目标。

3.1.2 桥梁发展史

1）追古溯源

中国最早的桥梁何时建造？位于何地？是什么样子？一直是人们探求的问题。早在新石器早期（距今 10 000~7 000 年），农耕聚落就已形成。多处考古发掘发现，聚落有居住区、窑场和墓地三类遗存。居住区位于中央位置，外环以深沟防止野兽侵扰及其他部落入侵，深沟上设有桥梁式的跨空构件。因此，从众多的考古材料及丰硕的多方研究成果可以推断出，桥梁应该出现于新石器时代中晚期（距今 7 000~4 000 年），人类已由渔猎文明向农耕文明转型。人类经过集群，原始村落已经形成，母系氏族进入繁荣阶段，桥梁是人类氏族社会的一个必然需求。

2）古桥演进的六个阶段

根据国家"商周断代工程"研究成果，我们把夏至西周共 1 300 余年的时期作为古桥的始创阶段。这一时期是中国奴隶制社会产生、发展并孕育危机的时期，也是古代中国文明开化时代的开端。商代开始了发达的青铜时代。当时，由于建造都城、军事运输、农业水利等的需要，桥梁技术有了很大的提高，出现了多跨木梁木柱桥、浮桥、城门悬桥、水闸桥。原始社会中出现的堤梁式踏步桥与独木、骈木梁桥已属常见。

第二阶段是发展阶段。时间在东周（春秋、战国）至秦朝，共五百余年。在这个时期，奴隶制社会逐渐向封建社会过渡，中国社会也从王权国家走向中央集权制的封建帝国。科学技术发展出现了第一次高峰，工、商、士、农社会人士诞生了，良匠、良工受到尊重。铁器取代了铜器，标志着生产力取得了突飞猛进的发展。战争成了时代的主题。各诸侯国从过去争奴隶、分胜负进入抢地盘、夺资源、争人才的战争，成为推动社会发展的强大动力。这个时期，索桥这一新的结构诞生了；像中渭桥那样的多跨木梁木柱长桥建成了，城市桥群成都七星桥出现了，栈道这一多种类型的木梁木柱式的特殊桥梁被广为建造，随着大型水利工程的修建，大量的石梁石墩桥及水闸桥被建造，在黄河上建起了长年使用的蒲津浮桥，诞生了复道、园林桥梁，开始出现了浮桥及木石梁桥的文字记载，在战国已有了石质拱墓，加上可锻铸铁（即韧性铸铁）的诞生，为创建铁索桥与有拱桥打下了基础。

第三阶段是成熟阶段。时间在两汉，近五百年。当时中国是世界上经济、文化、科学技术发达的国家之一，铁器极盛时代已到，并传授世界。木梁木柱已遍布全国各地，京城大型的木梁木柱骆驰虹桥有 3 座，大型石梁石墩桥开始建造，随着"丝绸之路"的正式形成，索桥在西南、西北地区被广泛建造。并把建桥技术传到中亚、西亚各国；随着造船业的发达，高大楼船在中原、安徽与广东出现，浮桥在全国各地修建，并首次在长江上建造浮桥。东汉期间屡修栈阁，留下了珍贵的栈道石刻。特别是木拱、有拱桥的诞生，使梁、索、浮、担四种本桥型都已齐全，并出现了专门的交通建设的队伍。

第四阶段是鼎盛阶段。时间在晋、隋、唐时期，共六百余年，这个时期是中国极为昌盛辉煌的时代，有名可考的中小城市就有 315 个，人口超过 7 万户的城市达 30 个；唐长安城人口有百万之众，其中外国人就有 10 万人，是当时唯一的国际大都会，唐大明宫遗址面积是现今北京故宫的 5 倍，唐代东都洛阳就有桥梁 30 余座。晋朝创建了架在黄河上的伸臂木梁桥。隋朝创建了 40 余孔，全长约 400 m 的石拱联拱桥和敞肩拱的赵州桥，成了划时代的绝唱，产生了李春等大匠师，唐代对秦汉三渭桥均整理重建，对关中到汉中的四条秦汉栈道进行了维护与全面改造，在木梁木柱桥上出现了最大倾角为 10° 的斜桩，还出现了薄墩、薄拱的驼峰式石拱桥与圆形石拱桥，对蒲津浮桥的改建更是达到了空前绝后的地步，大明宫太液池中的园林廊桥与佛寺、书院前的理念性桥梁均属首创。隋朝建了 2 座，唐代建了 11 座国家级桥梁，它们由水部郎中主持修建与日后管理，其下还有津令、典正、录事等官员负责。总之，这一时期在石拱桥、木梁木柱桥、浮桥建造方面达到了顶峰，反映出鼎盛阶段的特征。

第五阶段是全盛阶段。时间主要在两宋时期，共三百余年。此时，科学技术上有了四大发明，在土木工程领域诞生了木工喻皓写成的《木经》三卷与李诫编写的《营造法式》。在桥建设上继承前朝，经过全国南北同时展开和大规模进行的时期，出现了梁早期设计图样及建造试验模型，在石拱桥方面虽未达到隋朝的水平，但也产生了观音桥与卢沟桥那样的结构。而在修建临海大型石梁石墩桥、创建贯木拱桥及多跨索桥上更是独树一帜，创建了石梁石墩桥与浮桥相结合的肩闭活动式的广济桥。在梁、索、浮、拱各类桥构上均有建树，进入全盛时期。

第六阶段是迟滞阶段，由于缺乏专业技术的指导，经验难以发展成为科学，又无材料（19世纪初才开始使用熟铁建造桥梁）、新技术的支撑，难以进入近代桥梁时代，时间在元、明、清，共六百余年。这个阶段古代桥梁的构造类型已经齐备。虽然建造、修复、改造了数十万座桥梁，可是在桥的结构与施工技术方面基本上还是传承过去，少有建树。建不起桥的地方，采用摆渡、建造浮桥来维持交通，乃至早期公路还是尽量利用原来的驿道和古桥，特别是石拱桥；铁路也是利用古石拱桥或运用建古石拱桥技术，多建石拱。在江南地区，多跨石拱桥中薄墩的建造、单边推力墩（制动墩）的出现、桥墩的干砌法、尖拱与压拱技术的运用、铁索桥铁索的锚固等均有所发展和创新。这一时期，在古桥梁文化上则有较大的发展，如园林桥梁、湘桂山间风雨花桥等，在石拱、石独梁石柱上桥联也有所出现，等等。

古代桥梁主要是凭经验，以土、木、石等天然材料为主，运用石、木、骨、竹到铜制再到铁制的简单工具，通过实践建造起来，演进缓慢。从利用自然形成的桥梁到人为建造桥梁；从建造临时性桥到半永久性桥梁，再到永久性桥梁；从无到有，从小到大，从短到长；从能用到实用为主兼顾经济，再到实用与经济并重兼顾美观，中国古代的桥梁建造就是这样一步一步走过来的。尤其像赵州桥的建造，在实用、经济、美观三方面更是达到了高度的统一，成为中国古代石拱桥的标志。

从四种桥梁结构的基本形式诞生的时间来说，依次是木、石梁桥，浮桥，索桥，最后是拱桥。

3）中外古代桥梁的比较与交流

中国在公元前2100年前后的夏代开始进入奴隶社会，比两河流域及古埃及等文明古国晚数百年乃至两千年，可是社会发展得比较快，奴隶社会时间比较短。就青铜的冶炼和锻造技术而言，在商代晚期至西周中期（前1400—前900）已达到极高水平，处于鼎盛期，西周的器铸铭——金文也到了全盛时期。西周社会的各个方面均显示出它是一个成熟的早期国家（王国）。到东周即春秋战国时期，中国进入了封建社会，比西方早 800~1000 年。

　　浮桥与索桥均首创于中国，建于公元前 1075—前 1046 年商纣（帝辛）的钜桥，是一座多孔木梁骆驰虹桥，它比古罗马亚平宁山脉台伯河上建于公元前 630 年的桩柱式木桥要早 400 年左右。在浮桥方面，周穆王三十七年（前 965 年）的浑脱浮桥作为中国的第一座浮桥，要比波斯王大流士侵犯希腊时在欧亚两大洲之间的博斯普鲁斯海峡上建造的浮桥（长期以来被公认为世界上最早的浮桥）还要早四百多年，但后者的难度要大于浑脱浮桥，造桥技术上也远优于浑脱浮桥。而石拱桥要比以造石拱桥著称的古罗马晚约 500 年。在北京举办 2008 年奥林匹克运动会到希腊古城奥林匹亚取火的仪式中，全球亿万人看到希腊取圣火的女祭司自古城宽约 6 m 的石砌拱门下通过。这座石拱门建于公元前 4 世纪，比中国始建于东汉的石拱桥早四百余年。现存的西班牙阿尔坎塔拉（Alcantara）桥为六孔石拱，跨塔霍河（Tague），中间两跨跨度各约 28 m，于 98 年建成，比中国赵州桥早五百余年，而欧洲到 19 世纪才出现赵州桥样式的敞肩拱。1779 年，英国第一座跨度 30.65 m 的铸铁拱桥——Coalbrookd 桥的问世，标志着西方用木石建造桥梁时期的终结。在中国，至迟已在隋开皇（581—600 年）时建造了云南巨津州铁桥（铁链桥），似乎可以说，中国结束木石桥梁时代要比西方早约 1200 年。然而事实上并非如此。虽然中国在公元 5—6 世纪就独创了"灌钢"炼法，即以生铁水灌注熟铁的炼钢方法，可是直到清末还是用生铁建造铁索桥与铁梁桥，并没有告别用天然材料造桥的时代。

　　中国古桥创建时间早，持续时间长，技术进步缓慢；对周边国家如尼泊尔、不丹、巴基斯坦、缅甸、越南、朝鲜、韩国、印度、日本有直接影响，不仅把架桥技术与方法传给它们，还有中国匠师前去直接设计建造。如西藏唐东杰布在不丹境内建造索桥 9 座，1634 年江西僧侣如定为日本长崎市设计眼睛桥（石拱桥），1645 年中国林守殿（音）为日本建造鸣潼桥。自中国的唐朝开始，日本的桥梁就受到中国古桥的影响，日本江户时代隅田川桥、京都岚山渡月桥都是仿唐宋时的多跨木梁木柱桥。现存岩国市的五孔锦带木拱桥，跨度为 27.5 m，始建于 1673 年，其图样来自中国，由东渡高僧独立禅师建造。东京皇宫御沟上的一座木梁石轴柱桥就是直接仿我国西安的灞桥（灞陵桥）建造而成的。中国的古式索桥也远传至印度尼西亚、新几内亚乃至南美的秘鲁。

　　随着 1928 年《马可·波罗游记》（或称《东方见闻录》）在意大利问世，以卢沟桥为代表的中国石拱桥等即在欧洲传开。书中称卢沟桥是"一座极美丽的石头桥。老实说，它是世界上最好的、独一无二的桥。"它促使欧洲人开始欣赏中国桥梁建筑，称北京卢沟桥为马可·波罗桥，甚至误传是马可·波罗建造了卢沟桥。赵州桥建成后 700 余年，法国的赛亚特（Pontdeceret）桥于 1321—1339 年建成，首开欧洲敞肩圆弧拱桥的纪录，而该桥的大拱圆弧已接近半圆。欧洲的多跨薄墩石拱桥是 18 世纪法国桥梁大师贝龙的相关理论诞生前后才建造的。欧洲早在 1595 年已有建造索桥的设想。1665 年徐霞客的《铁索桥记》详细描述了建于明崇祯四年（1631 年）的贵州安南县（晴隆县）的北盘江铁索桥，1667 年法国传教士出版了一本《中国奇迹览胜》，书中介绍了中国铁索桥。李约瑟博士指出：这两本书直接启发了西方人建造铁索桥的尝试。在西方各国第一座铁链桥建成的时间，英国是 1741 年，美国是 1796 年，法国是 1821 年，德国和俄国是 1824 年。但不久它们就超越了中国，如英国于 1820—1826 年在梅奈海峡建造起跨度达 177 m 的锻铁链杆柔式悬索桥（道路桥），并能在桥面随坏随修的情况下使用至 1940 年，而且在保持原貌的前提下，把锻铁链杆换成低合金钢杆。后来，西方又在中国古代双索吊桥的启示下，把索桥桥面悬吊在主索之上，并运用诞生不久的钢材，实现了用钢缆为主索的柔性钢悬索桥，如 1883 年建成的美国纽约布鲁克林桥——主跨 486 m 的公路悬索桥，成为现代大跨度悬索桥的先声，是在吸收、消化的基础上实现的创新。英国工程技术界自称受西藏木伸臂梁桥的启发，修建了近代大跨度钢伸臂梁桥——福斯河桥。美国于 1916 年在纽约建成跨度为 197.9 m 的狱门桥，当时被誉为全球拱桥之冠，它模仿了建于 18 世纪北京颐和园的玉带桥所采用的双向反弯曲线桥面的形式，在大拱的上弧弦两端采用了反向曲线，使拱桥显得特别高耸。

3.1.3　现代中国桥梁跨越式发展

近代中国的桥梁建设数量、技术和水平都迅速落后于世界发达国家。1937 年建成的钱塘江大桥是第一座由中国工程师主持建设的近代大跨径桥梁，总体水平仍落后于世界发达国家。中华人民共和国成立以后，特别是改革开放以来，从技术引进到自主建设，我国桥梁发展速度逐渐加快，在经历了学习与追赶、跟踪与提高两个发展阶段后，目前正处于全面创新与突破阶段。三个阶段中，我国桥梁技术呈现出不同的特征：

第一阶段：1981 至 1990 年的学习与追赶阶段：大跨径梁桥建设起步，以容许应力设计、支架施工为主，但机械化水平较低。

第二阶段：1991 至 2000 年的跟踪与提高阶段：特大桥建设起步，极限状态理论应用，施工机械化水平大幅提高。

第三阶段：2001 至 2018 年的创新与突破阶段：千米级缆索桥兴起、设计理论与国际接轨、工业化建造开始兴起。

特别是最近十年来，在国家经济快速发展推动下，中国桥梁以每年 3 万多座的速度递增，目前我国公路桥梁数量达 83.25 万座，全国桥梁总数达 100 万座，已成为世界第一桥梁大国，并且建成了一大批世界级的重大桥梁。在世界排名前十的各类型桥梁中，中国均占据半数以上。截至目前，世界上已建成跨度超 400 m 的斜拉桥共有 114 座，中国占 59 座，其中世界主跨排名前十的斜拉桥中国占 7 座。建成了以苏通大桥为代表的一批大跨径斜拉桥。世界上已建成跨度超 400 m 的悬索桥共有 110 座，中国占 34 座，其中世界主跨排名前十的悬索桥中国占 6 座。建成了以西堠门大桥、泰州大桥为代表的一批大跨径悬索桥。世界上已建成主跨大于 200 m 的预应力混凝土梁桥有 64 座，中国占 38 座。其中，世界主跨排名前十的梁桥中国占 6 座。建成了以石板坡长江大桥复线桥、北盘江大桥为代表的大跨径梁桥。随着我国经济的快速发展，公路网建设不断走向深入，桥梁建设也由内陆逐步走向海外。最近十多年以来，世界排名前十的跨海大桥中，我国占 7 座，建成了杭州湾大桥、东海大桥等一批代表性工程。

表 3-1　大跨径斜拉桥的世界前十名（中国 7 座）

序号	桥名	主跨 /m	国家	建成时间
1	常泰长江大桥	1 176	中国	在建
2	Russky	1 104	俄罗斯	2012
3	沪通大桥	1 092	中国	2020
4	苏通大桥	1 088	中国	2008
5	昂船洲大桥	1 018	中国	2009
6	武汉青山长江大桥	938	中国	2020
7	鄂东长江大桥	926	中国	2010
8	嘉鱼长江公路大桥	920	中国	2019
9	多多罗大桥	890	日本	1999
10	Normandy Bridge	856	法国	1995

备注：统计截止时间为 2021 年 7 月。

表 3-2　大跨径悬索桥的世界前十名（中国 5 座）

序号	桥名	主跨 /m	国家	建成时间
1	1915Canakkale 大桥	2 023	土耳其	在建
2	明石海峡大桥	1 991	日本	1998
3	六横大桥双屿门大桥	1 756	中国	在建
4	杨泗港大桥	1 700	中国	2019
5	虎门二桥坭洲航道桥	1 688	中国	2019

续表

序号	桥名	主跨 /m	国家	建成时间
6	深中通道伶仃洋大桥	1 666	中国	在建
7	西堠门大桥	1 650	中国	2009
8	Great Belt Bridge	1 624	丹麦	1998
9	Izmit Bridge	1 550	土耳其	2020
10	Gwangyang	1 545	韩国	2012

备注：统计截止时间为 2021 年 7 月。

表 3-3　拱桥的世界前十名（中国 6 座）

序号	桥名	主跨 /m	国家	建成时间
1	广西平南三桥	575	中国	2020
2	重庆朝天门长江大桥	552	中国	2009
3	上海卢浦大桥	550	中国	2003
4	秭归长江大桥	519	中国	2019
5	合江长江一桥	530	中国	2013
6	New River Gorge Bridge	518	美国	1977
7	Bayonne Bridge	504	美国	1931
8	Sydney Harbour Bridge	503	澳大利亚	1932
9	重庆巫山长江大桥	492	中国	2005
10	Chenab Bridge	480	印度	2010

备注：统计截止时间为 2021 年 7 月。

表 3-4　梁桥的世界前十名（中国 6 座）

序号	桥名	主跨 /m	国家	建成时间
1	石板坡长江大桥	330	中国	2006
2	Stolmasundet Bridge	301	挪威	1998
3	Raftsundet Bridge	298	挪威	1998
4	北盘江大桥	290	中国	2013
5	Sandsfjord Bridge	290	挪威	在建
6	巴拉圭河桥	270	巴拉圭	1979

序号	桥名	主跨 /m	国家	建成时间
7	虎门大桥辅航道桥	270	中国	1997
8	苏通大桥辅航道桥	268	中国	2008
9	红河大桥	265	中国	2003
10	宁德下白石大桥	260	中国	2003

备注：统计截止时间为 2021 年 7 月。

表 3-5　跨海长桥的世界前十名（中国 7 座）

序号	桥名	总长 /km	国家	建成时间
1	港珠澳大桥	55	中国	2018
2	杭州湾大桥	36	中国	2008
3	青岛海湾大桥	35.4	中国	2011
4	东海大桥	32.5	中国	2005
5	大连湾跨海工程	27	中国	在建
6	King Fahd Causeway	25	巴林	1986
7	舟山大陆连岛工程	25	中国	2009
8	深中通道工程	24	中国	在建
9	Chesapeake Bridge	19.7	美国	1964
10	Great Belt Bridge	17.5	丹麦	1997

备注：统计截止时间为 2021 年 7 月。

　　中国桥梁取得的这些成就得到了国际同行的认可。十余年来，中国桥梁积极申请各项国际桥梁大奖，先后荣获了国际咨询工程师联合会、美国土木工程师学会、国际桥梁与结构工程协会、国际桥梁大会、英国结构工程师学会、国际路联等国际工程组织的各类奖项34 项。国际奖项的获得，极大地鼓舞了中国桥梁界的信心，对中国桥梁的发展起到了重要的促进作用，表明中国桥梁已经跻身国际先进行列。

3.1.4　"桥都"重庆桥梁发展概况

2005 年，茅以升桥梁委员会认定：重庆是中国唯一的"桥都"。

这份荣誉当然让我们骄傲，但"桥都"之名因何而定，重庆桥史又有多深厚，重庆什么时候开始有了第一座现代桥……这些疑问却没有多少人能回答得上来。

事实上，这座城市早在北宋就有了第一座石拱古桥，发展至今，桥梁总数达到了上万座，而这个数字还在持续增加。只有当我们认真地将重庆桥梁史翻阅一遍后，才会发现足以让我们骄傲的不仅仅是"桥都"这样一个称谓，还有这座城市与桥的世代情缘。

（1）因山水而生的桥群

世界上的桥梁可归纳为四大类：梁桥、拱桥、斜拉桥和索桥，这几大种类在重庆都能见到。重庆主城区的跨江大桥数量和密度远超其他城市，究其原因，山水格局无疑是造就这一盛况的重要因素。

重庆位于青藏高原与长江中下游平原的过渡地带，长江从西南向东北横贯境内，左岸有嘉陵江、小江、大宁河，右岸有乌江、綦江、磨刀溪等较大的一级支流及上百条中小河流汇入。且处于两江交汇处的重庆主城区还坐落于中梁山和铜锣山之间的丘陵地带，整个城市格局里山丘纵横、河流密布，正所谓"城在山中，山在城中；城在水中伫，水在城中流"。在不断地变迁与发展中，长江和嘉陵江哺育着重庆人，同时，重庆又长期被两江所环绕。

牛角沱嘉陵江大桥是重庆第一座跨江的现代城市道路桥，它架于嘉陵江上，全长 600 m，是西南地区唯一的钢桁梁城市大桥。如今，与牛角沱嘉陵江大桥并行的还有渝澳大桥，它是重庆与澳门合作修建，故由此得名，可谓友谊之桥，与牛角沱嘉陵江大桥各自承担起南北单向的交通重任。

（2）大桥飞架南北，天堑变通途

于 1988 年建成的石门嘉陵江大桥，宛如巨型竖琴横跨江面，为重庆再添一道风景。它还成为连接江北区和沙坪坝区的重要通道，带动区域发展的效果非常明显。从石门大桥开始，重庆建桥技术明显提高，并第一次用大型的混凝土搅拌施工，这一时期为重庆以后的桥梁建设奠定了坚实基础。

（3）直辖后的建桥奇迹

1997 年，全国人大八届五次会议通过设立重庆直辖市议案，重庆进一步发挥中心城市的区位优势，带动西南地区、长江上游地区发展。其中交通运输起着关键作用，因此，直辖后的重庆迎来了"建桥高峰期"。李家沱长江大桥、高家花园嘉陵江大桥、黄花园嘉陵江大桥、鹅公岩长江大桥相继建成，江津、丰都、巫山等区县的也相继建成了长江大桥。进入"十五""十一五"时期之后，大佛寺长江大桥、马桑溪长江大桥、嘉华嘉陵江大桥、菜园坝长江大桥等相继竣工，条条飞虹紧密连接重庆各区。到 2014 年全市桥梁已超过10 000 座，长江、嘉陵江重庆境内有 48 座跨江大桥，其中 40 座为直辖后建设。

万县长江大桥（今万州长江大桥）正好与重庆直辖市同岁，它横跨万州区黄牛孔子江江面，是连接 318 国道线的一座特大型公路配套桥，也是长江上第一座单孔跨江公路大桥，更是当时世界上同类型跨度最大的拱桥，在中国乃至世界桥梁建筑史上占有重要地位。它于 1994 年 5 月开工建设，历时 3 年竣工通车，其多项科研成果被推广应用于国内外大跨度桥梁建设中。

1997 年底开工的九龙坡区鹅公岩长江大桥，桥型为门型双塔柱悬索桥，是重庆第一座、国内第二座连续加劲钢箱梁悬索桥。

曾经，天堑长江一直是巫山经济发展的天然障碍，使得巫山南北两岸的经济发展极不均衡。巫山长江大桥的修建，彻底打破了这一瓶颈。大桥位于巫峡入口处，被称为"渝东门户桥""渝东第一桥"。该桥于 2001 年底开工建设，四年后竣工通车。它的建设，创造了同类桥梁跨径、节段吊重、吊塔距离、拱圈管道直径等多项世界第一。并且，巫山长江大桥还是"八小时重庆"主干道渝巴路的支线桥梁，连接湖北、湖南部分地区。

世界著名桥梁建筑工程大师、美籍华人邓文中在中国主持设计的第一座大桥——菜园坝长江大桥在当时是中国第二大跨度拱桥。菜园坝长江大桥红白相间的弧线，不禁令人想到"长桥卧波，未云何龙？复道行空，不霁何虹？"而嘉华嘉陵江大桥则是作为重庆直辖十周年献礼工程，2007 年竣工后打通了北桥头的交通瓶颈，成为联系城市南北发展主轴的重要纽带。

虹影重重，是开放也是门户。

与此同时，地处重庆市主城中央商务区的朝天门长江大桥也享有诸多盛誉。穿过这扇"城市之门"，便可抵达繁华的渝中半岛。

大桥巧妙地融合了解放碑和朝天门这两张重庆名片，两个主墩被设计成"解放碑"的样子，碑体一剖两半，分成四个柱子，托起大桥。又因主跨 500 多 m，使得悉尼大桥"世界第一拱桥"的头衔不得不让名给它。此外，朝天门长江大桥承载重量、先拱后梁施工难度等也是世界之首，自 2009 年通车后，就成了沟通长江东西两岸的重要通道。

2013 年，重庆主城陆续修建双碑嘉陵江大桥、红岩村嘉陵江大桥、千厮门嘉陵江大桥、东水门长江大桥、寸滩长江大桥、高家花园复线桥等。而郭家沱、白居寺等长江大桥，红岩村、水土、礼嘉、宝山等嘉陵江大桥也将飞跨两江之上。

2014 年正式通车的东水门长江大桥为双塔单索面部分斜拉梁桥，全长约 1 000 m，桥身为三跨布局，主跨 445 m，在世界同类桥型跨径中居第一。大桥上下双层布设桥面，上层桥面为双向四车道汽车交通，下层桥面为双线轨道交通，轨道 6 号线穿梭而过。这条修建了 5 年的大桥紧密连接渝中区和南岸区。

而与东水门长江大桥并称为"双子桥"的千厮门嘉陵江大桥，于 2015 年通车，主要连接渝中区和江北区。东水门长江大桥和千厮门嘉陵江大桥也共同构成了两江大桥，一起串起一片崭新的区域，成为两江之上的地标性景观。两江大桥的设计独具匠心，创下六项世界纪录——同类桥型跨径世界第一、索梁锚固形式为世界首创、索塔锚吨位世界第一、拉索吨位创世界之最、巨型天梭轮廓世界独有、主桥塔下大吨位支座采用牛腿支撑方式创世界之最。它们还和朝天门长江大桥一起，让重庆CBD"金三角"——解放碑、江北城和弹子石再次沸腾。

"中国桥都"的名簿上，数量还在增加，这座城市与桥的情缘，仍然还在延续。

3.2 典型桥梁工程介绍

3.2.1 钱塘江大桥

1）工程介绍

钱塘江大桥是茅以升先生在20世纪30年代主持设计和建造的中国第一座公铁两用现代化大桥。这座建成于抗日烽火之中的大桥，不仅在中华民族抗击日本侵略者的斗争中书写了可歌可泣的篇章，而且是中国桥梁建筑史上的一座里程碑。

钱塘江大桥始建于1934年8月8日；分别于1937年9月26日和11月17日铁路桥、公路桥建成通车；于1937年12月23日为阻断侵华日军南下而炸毁；于1948年5月成功修复。于2006年5月25日被列为中国第六批"全国重点文物保护单位"。

钱塘江大桥是一座铁路、公路两用双层桥，为钢结构桁梁桥，分为引桥和正桥两个部分。

上部结构：正桥为含铬合金钢简支桁架；引桥为钢拱，以碳钢制造的桁架式双铰系杆拱。北岸引桥西邻六和塔，北接虎跑山谷，引桥宏伟壮观。正桥两端各建桥头堡，桥头堡下作为桥下交通之用。

下部结构：正桥桥墩均系钢筋混凝土空心桥墩，以气压沉箱法下沉，自北起第1至第6号墩墩底在基岩上，第7至第15号墩墩底深入到冲刷线以下3~4 m，置放在27~30 m长的木桩上。木桩每墩160根，均深达岩层。桥的上层为双车道公路和人行道，以悬臂对称伸出钢梁，铺筑钢筋混凝土板而成。桥的下层为标准轨距单线铁路，每孔钢梁两侧设有避车台。

2）工程特点及难点

（1）选址

由于钱塘江底的地质情况相当复杂。江底有些地方有 40 多 m 深的淤泥，下面还有厚厚的粗砂卵石，最底下的岩层又自北向南有明显倾斜。经过反复比较，建桥者们最终将桥址选在江底淤泥较薄、水势相对较缓的杭州六和塔附近的月轮山下。

（2）打桩

为了使钱塘江大桥桥基稳固，需要施工人员穿越 41 m 厚的泥沙在 9 个桥墩位置打入 1 440 根木桩。由于木桩立于沙层之上，而且沙层又厚又硬，打轻了下不去，打重了断桩。面对这种困境，施工人员经过实地调研，决定采用抽江水在厚硬泥沙上冲出深洞再打桩的"射水法"，这是世界桥梁建筑史上首次采用气压法沉箱掘泥打桩获得成功，打破了外国人认为"钱塘江水深流急，不可能建桥"的预言。该方法一经采用就起到了明显的效果，加快了工程进度。

（3）建立桥墩

为了解决钱塘江水流湍急，难以施工的状况，施工人员创立"沉箱法"。他们将钢筋混凝土做成的箱子口朝下沉入水中罩在江底，再用高压气挤走箱里的水，工人在箱里挖沙作业，使沉箱与木桩逐步结为一体，然后在沉箱上再筑桥墩。最终建成的大桥桥墩，成为一个特殊的建筑。每个桥墩底部是 130 根 30 m 长打入江底的木桩，木桩上安放长 18 m、宽 11 m、高 6 m，重达 600 多 t 的混凝土沉箱，沉箱上建桥墩，桥墩顶部离江面 10 多 m 高。

（4）架设钢梁

由于传统建设大桥钢梁采用"伸臂法"需要等到桥墩按照顺序全部建好之后，钢梁才能从两岸逐步深入江心合拢。但是为了赶工期，桥墩完工的次序被打乱，因此钱塘江大桥不适合采用此种方法。为此，以茅以升为代表的施工团队虚心请教熟悉钱塘江水文规律的当地人士，充分发挥施工人员集体智慧，最终发明了"浮运法"，即把整孔钢梁装载在两条灌上半舱水的船上，巧妙利用钱塘江涌潮的落差，把钢梁安全安装到位。

3）一座桥，一段珍藏的记忆——钱塘江大桥建设的故事

钱塘江乃著名的险恶之江，水文地质条件极为复杂。其水势不仅受上游山洪暴发之影响，还受下游海潮涨落的约束。江底的流沙厚达 41 m，变幻莫测，素有"钱塘江无底"之说。因此，民间有"钱塘江上架桥——办不到"的谚语，工程技术界也认为在钱塘江上架桥，困难重重。

1934 年 11 月 11 日，钱塘江大桥开工兴建。建桥遇到的第一个困难是打桩，需要穿越 40 多 m 厚的泥沙在 9 个桥墩位置打入 1 440 根木桩。初期辛苦一天，只打成一根桩。

茅以升从浇花壶水把土冲出小洞中受到启发，采用"射水法"，提高到一天可以打30根桩，大大加快了工程进度。

建桥遇到的第二个困难是水流湍急，难以施工。茅以升发明了"沉箱法"，将长18 m、宽11 m、高6 m、重达600 t的钢筋混凝土沉箱，箱子口朝下沉入水中罩在江底，再用高压气挤走箱里的水，工人在箱里挖沙作业。开始时，放置一只沉箱，一会儿被江水冲向下游，一会儿被潮水顶到上游，上下乱窜。后来根据一位工人的建议，把每个3 t重的6个铁锚改为每个10 t重，沉箱问题才得以解决。

第三个困难是架设钢梁。茅以升采用了巧妙利用自然力的"浮运法"，潮涨时用船将钢梁运至两墩之间，潮落时钢梁便落在两墩之上，省工省时，进度大大加快。茅以升充分发挥80多名工程技术人员和900名工人的智慧，攻克了80多个难题。

在总工程师罗英协助下，基础、桥墩、钢梁三项工程一起施工，上下并进，一气呵成，大大提高了工程效率。经过近三年的艰苦奋战，终于胜利竣工。这是中国第一座自主建造的桥梁，也是中国桥梁史上的辉煌成就。在当时设备和技术落后的条件下，茅以升和罗英等工程师克服各种困难，这种能吃苦，勇于奋斗的精神值得我们学习。

在抗日战争时期，钱塘江大桥通车仅89天，却为支援淞沪抗战、输送军需物资、撤退候渡百姓做出巨大贡献，使100万人免于战火，因战况所需，为阻断日军南侵，大桥炸毁，后又全面恢复。

图3-1　炸毁后的钱塘江大桥

当年，为阻挡日军南侵的脚步，茅以升亲自安置炸药，炸毁大桥，并写下"抗战必胜，此桥必复"八个大字。他与时俱进的爱国精神、开拓创新的科学精神、自强不息的奋斗精神、赤子报国的奉献精神，值得我们学习，激励着青年学子继往开来，不断探索。我们青年学子要学习茅以升先生爱国、科学、奋斗、奉献的崇高精神，为实现中华民族伟大复兴的中国梦不懈奋斗。

3.2.2　武汉长江大桥

1）工程介绍

武汉长江大桥位于武昌蛇山和汉阳龟山之间的江面上，是中国在万里长江上修建的第一座桥梁，被称为"万里长江第一桥"，在中国桥梁史上具有重要意义。于 1955 年 9 月 1 日开工建设，1957 年 10 月 15 日建成通车，大桥的建设得到了苏联政府的帮助。毛主席在此写下了"一桥飞架南北，天堑变通途"这一脍炙人口的诗句，表达了对武汉长江大桥的由衷赞美。大桥为双层钢桁梁桥，上层为双向四车道的公路桥，两侧设有人行道；下层为京广铁路复线，两列火车可同时对开；桥身共有 8 个桥墩，每孔跨度 128 m，可让万吨巨轮通行无阻；底层有电梯可直达公路桥面，站在桥上眺望四方，浩荡长江在三楚腹地与其最长支流汉水交汇，造就了武汉隔两江立三镇而互峙的伟姿，十分豪迈。大桥的通车形成完整的京广线，是中国南北交通的要津和命脉，同时也是最著名的旅游景点之一。

武汉长江大桥桥墩基础施工采用"管柱钻孔法"，开创了中国建桥史上的新工艺。正桥钢梁由平弦菱形连续梁组成，钢梁设计三联，每联三孔。钢梁制作精确，由两岸平衡悬臂向江心拼接合拢。连续梁由一组绞式固定支座和三组辊轴式支座所支撑。在最高洪水位时，桥下净高 18 m，可满足大型轮船的通航要求。

汉阳岸引桥长 303 m，有 17 孔；武昌岸引桥长 211 m，12 孔。每孔跨度 17.2 m，均为钢筋混凝土门式拱桥。连接正桥与两岸引桥的桥台为 8 层楼式桥头堡，第 8 层在公路桥桥面两侧各设一对仿古双檐小角亭，成为桥头附近黄鹤楼与晴川阁之间的连结点。桥面上下两层。下层设铁路双轨，南北列车可同时对开。两侧有 2.25 m 宽小道，专供大桥养护人员行走。上层为公路桥桥面，车行道宽 18 m，可并行 6 辆汽车，设计荷载汽—18、挂—100，其两侧人行道宽 2.25 m。正桥人行道外缘为铸铁雕花栏杆，图案有丹凤朝阳、孔雀开屏、雄鸡报晓、鸟语花香、菊黄蟹肥、石榴结籽、猕猴摘桃、鱼跃荷香等。

（1）建设历程

1913 年，在詹天佑的支持下，国立北京大学（现北京大学）工科德国籍教授乔治·米勒带领夏昌炽、李文骥等 13 名土木专业学生，到武汉来对长江大桥桥址进行初步勘测和设计。虽此次规划未获得实行，但其选址被历史证明为是十分适宜的，与此后几次规划选址基本相同。

1929 年，国民政府成立武汉特别市政府，而刘文岛就任武汉特别市市长后，邀请华德尔来华，研商武汉长江建桥之事，可惜由于建桥耗资巨大而无下文，加之国民政府正忙于应付内部军事派系斗争，包括蒋桂战争、中原大战等内战，无暇顾及武汉长江大桥的建设。

1935 年，鉴于粤汉铁路即将全线建成通车，平汉、粤汉两路有必要在武汉连通，原铁道部曾考虑仿照 1933 年建成的南京铁路轮渡，但由于武汉的长江水位涨落幅度比南京大一倍，两岸引桥工程较困难，被迫搁置铁路轮渡的方案。

1949 年 9 月，中华人民共和国即将成立，63 岁的桥梁专家李文骥联合茅以升等一批桥梁专家，向中央人民政府递交了《筹建武汉纪念桥建议书》，建议建造武汉长江大桥，作为新民主主义革命成功的纪念建筑。同月 21 至 30 日，毛泽东在北平主持召开了第一届政治协商会议，会议通过了建造武汉长江大桥的议案。

1950 年初，中央人民政府指示铁道部着手筹备建设武汉长江大桥。1953 年 4 月 1 日，经过周恩来总理批示，我国原铁道部正式成立武汉大桥工程局，对武汉长江大桥进行筹备建设等工作；7 月，彭敏率原我国铁道部代表团，带着武汉长江大桥的全部设计图纸及技术资料，赴莫斯科请苏联专家帮助，对该桥建设进行技术鉴定；9 月，苏方派出了 25 位桥梁专家组成的鉴定委员会，对武汉长江大桥的方案进行了反复研究、完善，后应中方要求，派遣以康坦斯丁·谢尔盖耶维奇·西林为组长的 28 位桥梁专家组成的专家组前来武汉提供技术指导。

1954 年 1 月，中央人民政府政务院召开第 203 次政务会议，会议通过《关于修建武汉长江大桥的决议》，并采用苏联交通部鉴定意见正式批准了武汉长江大桥初步设计；2 月 6 日，人民日报发表社论《努力修好武汉长江大桥》，号召全国人民支援武汉长江大桥建设。

1955 年 9 月 1 日，武汉长江大桥作为中国国家"一五"计划重点工程动工建设。

1956 年 5 月 31 日，武汉长江大桥进行 8 个江心墩的施工建设；10 月，武汉长江大桥完成各桥墩下沉管柱和从管柱内向降低岩盘钻孔的全部工作。

1957 年 3 月 16 日，武汉长江大桥完成桥墩建设工程；5 月 4 日，武汉长江大桥钢梁顺利合拢，并举行了庆祝大会；7 月 1 日，武汉长江大桥完成最后一根钢梁安装，并完成合龙工程；9 月 25 日，武汉长江大桥工程竣工；10 月 15 日，武汉长江大桥正式通车交付使用。

2002 年 8 至 9 月，武汉长江大桥进行了第一次维修工作。

2015 年 6 月 3 至 9 日，武汉长江大桥进行静动载检测工作。

2016 年 3 月 4 至 31 日，武汉长江大桥进行第二次桥面维修工程。

2018 年 3 月 17 日，为迎接第七届世界军运会的到来，武汉长江大桥进行了第七次路灯照明的更换工程；6 月 13 至 15 日，武汉长江大桥进行铁路桥面的钢轨更换工作。2019 年 3 月 25 日至 4 月 13 日，武汉长江大桥再次进行桥面维修工作；4 月 20 日，武汉长江大桥桥头堡电梯进行维修工作。

（2）技术创新

① 管柱钻孔法。1954 年初，武汉长江大桥经过进一步的地质勘探，发现多个桥墩施工水深超过 35 m，接近 40 m。已经是沉箱施工的极限深度。根据苏联制订的沉箱施工安全规则，水深 35~40 m，一个沉箱工人每天只能工作 2 h，在高压气室内工作仅有 24 min，静坐在气闸内减压要求 1 h，再出气闸，劳动生产定额极度低下。武汉长江大桥需要配置多套气闸和数十个沉箱工班。空气压缩机、医疗气闸、高压水泵等数量也很惊人，工期大受限制。同时桥址 7 号墩处又发现断层，碳质页岩加燧石，软硬相间，断层挤压破碎，允许承载力仅为 0.9 MPa，沉箱尺寸加大，下沉更深。碳质页岩还可能伴有有害气体，造成沉箱工人中毒，沉箱施工方法面临极大的困难。

正当编制基础沉箱法技术十分为难之际，苏联西林同志被邀请来中国担任武汉长江大桥建设专家组组长，他提出一个大胆的创意，摒弃气压沉箱法，采用钻孔深桩基础。利用苏联煤矿竖井施工的缆绳式冲击钻机，悬吊十字形钻头一起一落，钢丝绳的扭动，使得绳的末端在钻头顶部一个圆窟窿中，不断地向一个地方旋转微小的角度，在坚硬的岩石中砸出一个圆孔来。各种岩石的抗撞击能力较抗静压的能力弱 10 倍。岩石破碎以后，用泥浆将钻渣悬浮起来，隔一段时间用取渣筒清孔。设备相对于旋转式钻机简单，动力不大。将这一施工方法移植到桥梁基础中，在深水急流中下沉并稳住一个直径较大的钢筋混凝土管柱圆筒，插到岩面。钻头以及缆绳在圆筒中起落，筒内形成泥浆，钻渣浮起溢出。将岩石冲砸成一个圆孔，清除残渣，下放钢筋笼，灌注水下混凝土，将管柱与岩盘紧密结合在一起，当时被命名为——管柱钻孔法。

大桥施工工人围绕这一方法的各个步骤，在汉阳桥头工地、凤凰山麓、江中实验墩（架梁的临时支墩）完成了一系列的试制与实验，克服了众多困难，如管柱在震动下沉辅以高压射水时如何保持管柱竖直、岩面倾斜怎样防止泥沙在管柱底面涌入、怎样清除钻孔底部残渣使得水下混凝土与岩层紧密结合等。试制 155 m 管柱、震动打桩机、缆绳冲击钻机、十字形钻头等，均经过多次的失败，在后来的不断改进中取得成功。

根据苏联专家的建议，我国建桥工人在中华大地上用自己的人力、物力与智力，通过试验摸索，全面完成了这一世界上最新的深水筑墩"管柱钻孔法"，这是我国桥梁界对世界桥梁建设的一大贡献，是桥梁史上光辉的一页。

②钢梁悬臂架设。钢梁工厂制造精度提高，工地拼装不需扩孔，同类型杆件具有互换性，使钢桁梁悬臂架设才有可能。又因为桥为三孔连续梁，因悬臂拼装产生的安装应力。在安装过程中，适当调整支点标高，又使杆件安装应力减少。除第一孔没有临时墩，主要目的是检验管柱钻孔法的承载能力，其余八孔均为128 m全悬臂安装，两岸钢梁向河心伸出，6号墩会合，形成"一桥飞架南北"的壮观景象。武汉地区长江水位涨落频繁，幅度大，航运繁忙，又多雾天，对浮运架设极为不利，悬臂架设可以不受水位、气候、航运的干扰，确保架梁工期按计划进行。

主桁杆件连同节点板、拼接板及联结系小件尽量在预拼场组装整根起吊件，减少拼装吊机起吊次数，部分铆钉预先在平地铆合，提高拼铆质量。

制造了2台能在钢梁上走行的拼梁吊机，吊距20 m，吊重35 t，并研制了一整套钢梁在墩顶面顶落，纵横移设备。悬臂端尽快组成三角形稳定构架，及时安装上下平联及断面联结系，铆合紧紧跟上，武汉长江大桥全悬臂安装保证了良好的平立面线形、拱度，吻合设计要求，至今未变。

武汉长江大桥钢梁悬臂架设是我国首次建立的一整套架设工艺与安全质量要求，具有普遍的指导意义。悬臂架设此后成为我国大跨度钢梁架设最主要的施工方法，为我国现代化桥梁事业奠定了初步基础，由此可见修建这座桥的连续性和仁人志士们坚韧不拔的精神值得我们学习。

2）一座桥绽放一个民族的欢笑：桥梁专家梅旸春的故事

梅旸春，1900年生于江西南昌青云谱区朱姑桥梅村，家境贫寒，后由堂兄资助，与堂兄长子、只比他小4岁的梅汝璈一同进了学堂。1916年，16岁梅旸春考取当时的北京清华学校留美班，而那年北京清华学校只在江西招录3名学生。1923年，他于清华大学毕业后公派赴美深造，进入美国普渡大学机械系学习，获硕士学位。

梅旸春虽毕业于机械系，但其志愿却在桥梁事业，遂于1925年到美国费城桥梁公司工作，因工作勤奋、成绩突出竟被同事们误认为日本人。他十分气愤，声言："我不是日本人，我是中国人！"他深以此为耻，也为自己的祖国感到悲哀，便立下了誓言："努力干出一番业绩，树立中国的光辉形象！"他放弃了美国优沃的工作条件和生活待遇，回到了祖国，从此在各地修建桥梁，成为卓越的桥梁专家。他受茅以升先生之聘，担任了钱塘江公铁两用大桥的设计工作，为减轻质量、节约资金，在国内首次采用了铬铜合金钢。钱塘江大桥即将建成时，他即投入建设武汉长江大桥的策划、筹备工作之中，1937 年 1 月，他前往武汉，任汉口市政府工务科科长，主持了武汉长江大桥的前期设计工作。

中华人民共和国一成立，梅旸春即与茅以升等专家联名向中央上报《筹建武汉纪念桥建议书》，建议修建武汉长江大桥，以作为"新民主主义革命成功的纪念建筑"，这一建议恰与中央的宏伟计划相吻合。铁道部成立了桥梁委员会，着手建桥的准备工作。时任铁道部设计局副局长的梅旸春率队在武汉三镇进行大规模的钻探和调查工作。同时，他倡议、设计并领导建设了临时火车轮渡工程，以解决建桥前京汉、粤汉两铁路线的联系及今后大桥建设上马后的物资运输问题。1950 年，勘测任务完成。铁道部在北京成立了武汉长江大桥设计组，他又往来于京汉两地，对设计给予具体指导，并亲自绘制了桥下净空 33 m 5 孔拱桁伸臂梁方案。只是因为当时财力、物力和技术条件的限制，采用了由苏联供应低碳钢料的桥下净空 28 m 的孔 28 m 平弦双层钢桁架桥方案。

武汉长江大桥开工后，梅旸春任武汉大桥工程局的副总工师。据当年的同事回忆，他经常出入施工现场，解决遇到的各种困难，虽屡遇险情，仍不动摇，为大桥的建成立下了巨大的功劳。

他对技术的钻研，对工作的专注和坚定，勤劳、尽责、细致是对"工匠精神"的最好诠释。他的英名将永远镌刻在中国桥梁建设的史册中，他那"努力干出一番业绩，树立中国的光辉形象"的誓言将成为中国一代又一代桥梁建设者的志向。继承和弘扬"工匠精神"，勇攀质量高峰，追求卓越，崇尚质量成为我们建筑行业青年学子的价值导向。

3.2.3　超级工程港珠澳大桥

1）工程简介

港珠澳大桥（Hong Kong–Zhuhai–Macao Bridge）是中国境内一座连接香港、广东珠海和澳门的桥隧工程，位于中国广东省珠江口伶仃洋海域内，为珠江三角洲地区环线高速公路南环段。

（1）整体布局

港珠澳大桥分别由三座通航桥、一条海底隧道、四座人工岛及连接桥隧、深浅水区非通航孔连续梁式桥和港珠澳三地陆路联络线组成。其中，三座通航桥从东向西依次为青州航道桥、江海直达船航道桥以及九洲航道桥；海底隧道位于香港大屿山岛与青州航道桥之间，通过东西人工岛连接其他深浅水区非通航孔连续梁式桥分别位于近香港水域与近珠海水域之中；三地口岸及其人工岛位于两端引桥附近，通过连接线接驳周边主要公路。

（2）设计参数

港珠澳大桥全长 55 km，其中包含 22.9 km 的桥梁工程和 6.7 km 的海底隧道，隧道由东、西两个人工岛连接；桥墩 224 座，桥塔 7 座；桥梁宽度 33.1 m，沉管隧道长度 5 664 m、宽度 28.5 m、净高 5.1 m；桥面最大纵坡 3%，桥面横坡 2.5% 内、隧道路面横坡 1.5% 内；桥面按双向六车道高速公路标准建设，设计速度 100 km/h，全线桥涵设计汽车荷载等级为公路 – I 级，桥面总铺装面积 70 万 m²；通航桥隧满足近期 10 万 t、远期 30 万 t 邮轮通行；大桥设计使用寿命 120 年，可抵御 8 级地震、16 级台风、30 万 t 撞击以及珠江口 300 年一遇的洪潮。

（3）设计理念

港珠澳大桥总体设计理念包括战略性、创新性、功能性、安全性、环保性、文化性和景观性几个方面。

港珠澳大桥主桥为三座大跨度钢结构斜拉桥，每座主桥均有独特的艺术构思。其中青州航道桥塔顶结型撑吸收"中国结"文化元素，将最初的直角、直线造型"曲线化"，使桥塔显得纤巧灵动、精致优雅。江海直达船航道桥主塔塔冠造型取自"白海豚"元素，与海豚保护区的海洋文化相结合。九洲航道桥主塔造型取自"风帆"，寓意"扬帆起航"，与江海直达船航道塔身形成序列化造型效果，桥塔整体造型优美、亲和力强，具有强烈的地标韵味。东西人工岛汲取"蚝贝"元素，寓意珠海横琴岛盛产蚝贝。香港口岸的整体设计富于创新，且美观、符合能源效益。旅检大楼采用波浪形的顶篷设计，为支撑顶篷，大楼的支柱呈树状，下方为圆锥形，上方为枝杈状展开。最靠近珠海市的收费站设计成弧形，前面是一个钢柱，后面有几根钢索拉住，就像一个巨大的锚。大桥水上和水下部分的高差近 100 m，既有横向曲线又有纵向高低，整体如一条丝带一样纤细轻盈，把多个节点串起来，寓意"珠联璧合"。前山河特大桥采用波形钢腹板预应力组合箱梁方案，采用符合绿色生态特质的天蓝色涂装方案，造型轻巧美观，与当地自然生态景观浑然天；桥体矫健轻盈，似长虹卧波，天蓝色波形腹板与前山河水道遥相辉映，如同水天一色，在风起云涌之间形成一道绚丽的风景线。

（4）设计特点

针对跨海工程"低阻水率""水陆空立体交通线互不干扰""环境保护"以及"行车安全"等苛刻要求，港珠澳大桥采用了"桥、岛、隧三位一体"的建筑形式；大桥全路段呈 S 形曲线，桥墩的轴线方向和水流的流向大致取平，既能缓解司机驾驶疲劳、又能减少桥墩阻水率，还能提升建筑美观度。

斜拉桥具有跨越能力大、造型优美、抗风性能好以及施工快捷方便、经济效益好等优点，往往是跨海大型桥梁优选的桥型之一。结合桥梁建设的经济性、美观性等诸多因素以及通航等级要求，港珠澳大桥主桥的三座通航孔桥全部采用斜拉索桥，由多条 8~23 t、1 860 MPa 的超高强度平行钢丝巨型斜拉缆索从约 3 000 t 自重主塔处张拉承受约 7 000 t 重的梁面；整座大桥具有跨径大、桥塔高、结构稳定性强等特点。

2）超级工程特点和难点

珠联璧合助力粤港澳大湾区，我们还赋予了桥岛隧另外一个文化，就是珠联璧合。港珠澳大桥有隧道、人工岛，还有 40 多 km 的桥梁，所以从几个城市通过隧道和桥梁，就好像一条银线将一些珍珠串起来，银线串珍珠这样诗意化的设计，不仅是为了美观也是解决大桥的技术难题，同时也体现了中国传统文化中的美好寓意。

（1）技术创新

巨型工程，意味着无法想象的技术挑战。

港珠澳大桥海中主体桥梁总用钢量约 40 万 t，相当于 60 座埃菲尔铁塔，其中最长的一片钢箱梁长 132.6 m。他们都是在广东中山的拼装厂组装完成再运到 40 km 以外的桥位安装现场。

这座连接香港、珠海、澳门的跨海大桥，必须能抵御 16 级台风和 8 级地震，既不能影响航道畅通，也不能干扰附近香港和澳门国际机场的航班起降。

为此，大桥的建设在设计材料和施工上都实现了巨大创新和突破。而所有这些标准的提升，也都是为了满足不低于 120 年的设计使用年限。此前中国内地大型桥梁的设计使用年限都不超过 100 年。为了攻克技术难关，中国制造走出了一条全新的体现中国标准的道路。早在 1983 年，在伶仃洋修建跨海大桥的讨论就已经浮出水面，而对于建筑师们来说，他们的使命远不止将一个梦想变成现代工程奇迹这么简单。它的交通功能只是它的一个最基础性的设计要求，而它的文化打造和追求是另一个更高境界的一个使命。

2009 年 12 月，港珠澳大桥铺开建设，大桥建设者清醒地意识到，前方的路不会是一片坦途，海中主体桥梁长达 22.9 km，由于珠江口阻水比要求桥梁跨径尽量要大，而抗震要求上部结构质量要尽量轻，如果采用常见的混凝土结构，是很难实现这个要求的。为了解决这个问题，工程师们决定桥梁上部结构采用更轻便、跨越能力更强的钢结构，但是还有另一项挑战，大桥的桥墩常年在腐蚀性极强的海洋环境中，要保证达到120年的设计使用年限，工程师们必须找到耐腐蚀性能更好的钢材。

太原钢铁集团有限公司简称太钢，曾经生产出中国的第一炉不锈钢，同时也是全球不锈钢行业领军企业，具备年产1 200万t钢的产能，其中450万t为不锈钢。尽管如此，为港珠澳大桥项目提供钢材仍是不小的挑战。工厂技术人员将目光转向了双相不锈钢钢筋，双相不锈钢的强度比普通钢筋强度高，但之前全部依赖进口，价格很高。太钢迎难而上，自主研发生产的双相不锈钢钢筋被应用于大桥的承台、卡座及墩身等多个部位，用量超过8 200 t，这是中国建桥史上双相不锈钢钢筋首次大批量应用。

大桥工程的技术突破并不局限于它采用的不锈钢钢筋，同时也实现了自主研发和标准的提升。在桥梁、人工岛和隧道建设领域获得的专利超过1 000项，达到世界级水平。

（2）超级工程与自然和谐共生

2003年，中华白海豚生活的水域被确立为国家级自然保护区，而港珠澳大桥恰好要从保护区穿过，这曾引发公众的关注和争议。大桥管理局对此进行了详细的调研，认为大桥工程可能会对海洋生物造成一定影响，因此施工中必须采取措施，将影响降到最低，从而确保大桥竣工后水域中的生物种群迅速恢复。解决方案便是针对施工各个环节，出台一部全面的指导手册。

（3）建造技术难点

① 外海造岛。港珠澳大桥海底隧道所在区域没有现成的自然岛屿，需要人工造岛。受800万t海床淤泥的影响，施工团队采用了"钢筒围岛"方案：在陆地上预先制造120个直径22.5 m、高度55 m、质量达550 t的巨型圆形钢筒，通过船只将其直接固定在海床上，然后在钢筒合围的中间填土造岛。这种施工方法既能避免过渡开挖淤泥，又能避免抛石或沉箱在淤泥中滑动。岛上建筑采用表面平整光滑、色泽均匀、棱角分明、无碰损和污染的新型清水混凝土，施工时一次浇注成型，无任何外装饰，有效应对外海高风压、高盐和高湿度不利环境。

② 沉管对接。港珠澳大桥沉管隧道及其技术是整个工程的核心，既减少了大桥和人工岛的长度，降低了建筑阻水率，从而既保持了航道畅通，又避免了与附近航线产生冲突。

沉管技术，即在海床上浅挖出沟槽，然后将预制好的隧道沉放置沟槽，再进行水下对接。沉管隧道安置采用集数字化集成控制、数控拉合、精准声呐测控、遥感压载等为一体的无人对接沉管系统；沉管对接采用多艘大型巨轮、多种技术手段和人工水下作业方式。

在水下沉管对接过程期间，设计师们提出"复合地基"方案，即保留碎石垫层设置，并将岛壁下已使用的挤密砂桩方案移到隧道，形成"复合地基"，避免原基槽基础构造方案可能出现的隧道大面积沉降风险。建设者们在海底铺设了 2~3 m 的块石并夯平，将原本沉管要穿越不同特性的多种地层可能出现的沉降值控制在 10 cm 内，避免整条隧道发生不均匀沉降而漏水。

③ 索塔吊装。港珠澳大桥的斜拉桥距离机场很近，受密集航班影响，海上作业建筑限高严格，传统的架设临时塔式起重机吊装方法无法施展。为此，施工团队采用预制索塔牵引吊装的方案，即在陆地上造桥塔，然后通过桥梁底座上的连接轴进行连接，由巨大的钢缆将原水平放置的桥塔牵引旋转 90° 角垂直于桥面后再固定。

3）从卑微到被世界敬仰：港珠澳大桥建设的故事

在港珠澳大桥众多建设者中，不得不提到这样一位人物——林鸣。他是桥梁工程师、是全国劳模、是五一劳动奖章的获得者，是优秀共产党员，是港珠澳大桥数万名建设者中的一名。1993 年，林鸣结缘伶仃洋；2005 年起，林鸣开始全身心地投入港珠澳大桥的前期筹备工作；2010 年 12 月，林鸣担任港珠澳大桥岛隧工程项目总经理、总工程师，带领3 000 多人开始挑战这一全球最具挑战的跨海项目。

岛隧工程是大桥的核心控制性工程，需要建设两座面积各 10 万 m^2 的人工岛和一条6.7 km 的海底沉管隧道，实现桥梁与隧道的转换，也就是说岛隧工程是大桥建设技术最复杂、建设难度最大的部分，更被誉为中国交通工程中的"珠穆朗玛峰"！我国的沉管隧道建设起步较晚，直到 20 世纪 90 年代初，才建设了第一条规模很小的沉管隧道，而当时国外已经建成了沉管隧道近百条。和许多领域一样，中国人需要更多的付出、更深的积淀、更强的意志来追赶和超越。

沉管隧道难在哪里？林鸣都经历了什么？

◆ 他经历了国外的技术封锁和"天价"咨询费。

◆ 他经历了连续 96 个小时不眠不休。

◆ 他经历了因过度疲劳而使鼻腔大量喷血，四天内两次全麻手术。

◆ 他经历了反对的目光和质疑的声浪。

◆ 他也经历了风浪之后的平静，赢得对手的尊敬才是真正的成功。

难以承受国外高额的技术咨询费用，世界上其他沉管隧道的经验也无法再次照搬套用，那我们中国人就自己来创造，自己创新，自己进行技术攻关！林鸣团队从零开始自主攻关，开始挑战外海深埋沉管这一世界工程技术的难题。在人工岛的建造上，工程团队创新性地使用了钢圆筒快速成岛技术，创造了当年开工当年成岛的世界工程奇迹。沉管隧道所使用的 33 节沉管全部使用工厂预制，每节沉管长 180 m，重约 8 万 t，其体量相当于一艘大型航空母舰。

林鸣的建设团队精细勘测、精细设计、精细施工，港珠澳大桥海底沉管隧道整体沉降不超过 5 cm，在中国深海创造了一项世界纪录。

以林鸣为代表的港珠澳大桥的建设者们勇于追梦，披荆斩棘，攻坚克难，勇创一流的奋斗精神；自力更生，"敢为天下先"的创新精神，敬业、担当、执着的奉献精神值得我们青年学习。他们用智慧和汗水在世界桥梁史上确立了"中国标准"，一个民族的崛起，一个国家的强大，靠的是无数个林鸣的自强奋发，靠的是先进的技术力量和绝不认输的劲头！

第 4 章

清洁能源
——美丽中国建设的动力

导　读

本章首先从清洁能源的定义及类型和发展前景介绍中国清洁能源的概况，然后选取我国三个较为典型的清洁能源项目进行讲解，重点讲述了项目的基本情况、建设过程、技术特点及难点等，讲述典型项目背后的故事。

4.1 中国清洁能源概况

4.1.1 清洁能源的定义及类型

清洁能源，即绿色能源，是指不排放污染物、能够直接用于生产生活的能源，它包括核能和"可再生能源"。清洁能源的准确定义应是：对能源清洁、高效、系统化应用的技术体系。含义有三点：第一，清洁能源不是对能源的简单分类，而是指能源利用的技术体系；第二，清洁能源在强调清洁性的同时也强调经济性；第三，清洁能源的清洁性指的是符合一定的排放标准。

清洁能源包括太阳能、生物质能、风能、地热能、海洋能、水能等。随着常规能源的有限性以及环境问题的日益突出，以环保和可再生为特质的清洁能源越来越得到各国的重视。

在中国可以形成产业的清洁能源主要包括水能（主要指水电站）、风能、生物质能、太阳能、地热能等，是可循环利用的清洁能源。清洁能源产业的发展既是整个能源供应系统的有效补充手段，也是环境治理和生态保护的重要举措，是满足人类社会可持续发展需要的最终能源选择。

（1）太阳能

太阳能一般指太阳光的辐射能量。太阳能的主要利用形式有太阳能的光热转换、光电转换以及光化学转换三种。广义上的太阳能是地球上许多能量的来源，如风能、化学能、水的势能等都是由太阳能产生或转化成的能量形式。利用太阳能的方法主要有太阳能电池，通过光电转换将太阳光中的能量转化为电能；太阳能热水器，利用太阳光的热量加热水等。太阳能清洁环保，无任何污染，利用价值高，太阳能更没有能源短缺这一说法，种种优点决定了其在能源更替中不可取代的地位。

（2）核能

核能是通过核反应从原子核释放的能量，符合阿尔伯特·爱因斯坦的方程 $E=mc^2$，其中 E 为能量，m 为质量，c 为光速常量。核能的释放主要有 3 种形式：① 核裂变能 ② 核聚变能 ③ 核衰变。

核能威力巨大。1 kg 铀原子核全部裂变释放出来的能量，约等于 2 700 t 标准煤燃烧时所放出的化学能。一座发电量为 100 万 kW 的核电站，每年只需 25~30 t 低浓度铀核燃料，运送这些核燃料只需 10 辆卡车；而相同功率的煤电站，每年则需要 300 多万 t 原煤，运输这些煤炭，需要 1 000 列火车。核聚变反应释放的能量则更为巨大。据测算，1 kg 煤只能使 1 列火车开动 8 m；1 kg 裂变原料可使 1 列火车行驶 4 万 km；而 1 kg 聚变原料可以使 1 列火车行驶 40 万 km，相当于地球到月球的距离。

地球上蕴藏着数量可观的铀、钍等裂变资源，如果把它们的裂变能充分利用，可以满足人类上千年的能源需求。在大海里，还蕴藏着不少于 20 万亿吨核聚变资源——氢的同位素氘。如果可控核聚变在 21 世纪前期变为现实，这些氘的聚变能将可顶几万亿亿吨煤，能满足人类百亿年的能源需求。更可贵的是核聚变反应中几乎不存在放射性污染。聚变能称得上是未来的理想能源。因此，人类已把解决资源问题的希望寄托在核能这个能源世界里未来的"巨人"身上了。

（3）海洋能

海洋能是指蕴藏于海水中的各种可再生能源，包括潮汐能、波浪能、海流能、海水温差能、海水盐度差能等。这些能源都具有可再生性和不污染环境等优点，是一项亟待开发利用的、具有战略意义的清洁能源。海洋能的特点如下所述。

① 海洋能在海洋总水体中的蕴藏量巨大，而单位体积、单位面积、单位长度所拥有的能量较小。

② 海洋能具有可再生性。

③ 海洋能有较稳定与不稳定能源之分。

④ 海洋能属于清洁能源。

（4）风能

风能是太阳辐射下流动所形成的。风能与其他能源相比，具有明显的优势，它蕴藏量大，是水能的 10 倍，分布广泛，永不枯竭，对交通不便、远离主干电网的岛屿及边远地区尤为重要。风能最常见的利用形式为风力发电。风力发电有两种思路，即水平轴风机和垂直轴风机。水平轴风机应用广泛，为风力发电的主流机型。

（5）生物质能

生物质能来源于生物质，也是太阳能以化学能形式储存于生物中的一种能量形式，它直接或间接地来源于植物的光合作用。生物质能是贮存的太阳能，更是一种唯一可再生的碳源，可转化成常规的固态、液态或气态燃料。地球上的生物质能资源较为丰富，而且是一种无害的能源。地球每年经光合作用产生的物质有 1 730 亿 t，其中蕴含的能量相当于全世界能源消耗总量的 10~20 倍，但利用率不到 3%。生物质能（又名生物能源）是利用有机物质（例如植物等）作为燃料，通过气体收集、气化（固体变为气体）、燃烧和消化作用（只限湿润废物）等技术产生能源。只要适当地执行，生物质能也是一种宝贵的可再生能源，但要看生物质能燃料是如何产生出来。当前主要是以甜高粱、木薯等为原料进行生物质能的生产，现在正在尝试用玉米、小麦、食糖等食物来制造汽油等能源以满足日益增长的能源需求。

（6）地热能

地热能是由地壳抽取的天然热能，这种能量来自地球内部的熔岩，并以热力形式存在，是引致火山爆发及地震的能量。

地球内部的温度高达 7 000 ℃，而在 80~100 英里的深度处，温度会降至 650~1 200 ℃。透过地下水的流动和熔岩涌至离地面 1~5 km 的地壳，热力得以被转送至较接近地面的地方。高温的熔岩将附近的地下水加热，这些加热了的水最终会渗出地面。

随着环保意识增强、能源日趋紧缺，地热资源的开发利用受到重视。运用地热能最简单和最合乎成本效益的方法，就是直接取用这些热源，并抽取其能量。

（7）氢能

氢在地球上主要以化合态的形式出现，是宇宙中分布最广泛的物质，它构成了宇宙质量的 75%，是二次能源。氢能在 21 世纪有可能成为世界能源舞台上一种举足轻重的能源，氢的制取、储存、运输、应用技术也将成为 21 世纪备受关注的焦点。氢具有燃烧热值高的特点，其燃烧值是汽油的 3 倍，酒精的 3.9 倍，焦炭的 4.5 倍。氢燃烧的产物是水，是世界上最干净的能源。

（8）海洋渗透能

如果有两种盐溶液，一种溶液中盐的浓度高，一种溶液中盐的浓度低，那么把两种溶液放在一起并用一种渗透膜隔离后，会产生渗透压，水会从浓度低的溶液流向浓度高的溶液。江河里流动的是淡水，而海洋中存在的是咸水，两者也存在一定的浓度差。在江河的入海口，淡水的水压比海水的水压高，如果在入海口放置一个涡轮发电机，淡水和海水之间的渗透压就可以推动涡轮机来发电。

海洋渗透能是一种十分环保的绿色能源，它既不产生垃圾，也没有二氧化碳的排放，更不依赖天气的状况，可以说是取之不尽，用之不竭的。而在盐分浓度更大的水域里，渗透发电厂的发电效能会更好，比如地中海、死海、中国盐城市的大盐湖、美国的大盐湖等。当然，发电厂附近必须有淡水的供给。据挪威能源集团的负责人巴德·米克尔森估计，利用海洋渗透能发电，全球范围内年度发电量可以达到 16 000 亿 kW·h。

（9）水能

水能是一种可再生能源，是清洁能源，是指水体的动能、势能和压力能等能量资源。广义的水能资源包括河流水能、潮汐水能、波浪能、海流能等；狭义的水能资源是指河流的水能资源。水能是常规能源，一次能源。水不仅可以直接被人类利用，它还是能量的载体。太阳能驱动地球上的水循环，使之持续进行。地表水的流动是重要的一环，在落差大、流量大的地区，水能资源丰富。随着矿物燃料的日渐减少，水能是非常重要且应用前景广阔的替代资源。世界上水力发电还处于起步阶段。河流、潮汐、波浪以及涌浪等水运动均可以用来发电。

4.1.2　清洁能源的发展前景

中国已经成为全球清洁能源投资第一大国。未来国家将多措并举加快推动碳达峰、碳中和工作，包括加快清洁能源开发利用、升级能源消费方式等举措。具体措施：① 制订更加积极的新能源发展目标，推进陆上风电和光伏发电，全面实现平价无补贴上网；② 因地制宜开发水电；③ 在安全的前提下，积极有序发展核电；④加快推进抽水蓄能、新型储能等调节性电源建设，进一步优化完善电网建设，推动电网智慧化升级，大力提升新能源消纳能力，提高电力系统灵活调节水平。

与此同时，国家坚持和完善能耗双控制度；强化全社会节能，加快推进低碳技术应用，提高重点行业和领域能源利用效率；推进工业、建筑、交通等重点部门和行业电能替代，提升全社会电气化水平。

围绕能源领域碳达峰、碳中和目标的实现路径，中国将研究制定能源领域落实举措，围绕促进能源低碳智慧转型、新能源高质量发展、新一代电力系统建设、新型储能发展等重点任务出台配套政策。

4.2 典型清洁能源工程介绍

4.2.1 国之重器——三峡大坝

1）工程简介

三峡大坝，位于中国湖北省宜昌市三斗坪镇境内，距下游葛洲坝水利枢纽工程 38 km，是当今世界最大的水力发电工程。三峡大坝工程包括主体建筑物及导流工程两部分，全长约 3 335 m，坝顶高程 185 m，工程总投资为 954.6 亿人民币，于 1994 年 12 月 14 日正式动工修建，2006 年 5 月 20 日全线修建完成。

三峡水电站大坝高 181 m，正常蓄水位 175 m，大坝长 2 335 m，静态投资 1 352.66 亿人民币，安装 32 台单机容量为 70 万 kW 的水电机组。三峡电站最后一台水电机组，2012 年 7 月 4 日投产，这意味着，装机容量达到 2 240 万 kW 的三峡水电站，截至 2021 年 7 月，三峡水电站是全世界最大的水力发电站和清洁能源生产基地。三峡水电站 2018 年发电量突破 1 000 亿 kW·h，创单座电站年发电量世界新纪录。

三峡大坝无鱼类洄游通道，大坝截流后，三峡库区的四大家鱼产卵场消失，但在三峡库尾的江津以上江段（合江—弥陀江段）形成了新的产卵场，中下游的水文过程、河床冲刷、湿地格局等亦出现了不同程度的改变。

2020 年 8 月 20 日，三峡枢纽入库流量达 7.50 万 m³/s，开启 11 个泄洪深孔泄洪，是三峡水库建库以来遭遇的最大洪峰。截至 2020 年 10 月 22 日 14 时，三峡水库已蓄水至高程 173.55 m。

图 4-1 三峡大坝

（图片来源：途牛网）

三峡工程构造：

① 大坝。拦河大坝为混凝土重力坝，坝轴线全长 2 309.47 m，坝顶高程 185 m，最大坝高 181 m。

泄洪坝段位于河床中部，前缘总长 483 m，设有 22 个表孔和 23 个泄洪深孔，其中深孔进口高程 90 m，孔口尺寸为 7 m×9 m；表孔孔口宽 8 m，溢流堰顶高程 158 m，表孔和深孔均采用鼻坎挑流方式进行消能。

电站坝段位于泄洪坝段两侧，设有电站进水口。进水口底板高程为 108 m。压力输水管道为背管式，内直径 12.40 m，采用钢衬钢筋混凝土联合受力的结构型式。

② 水电站。水电站采用坝后式布置方案，共设有左、右两组厂房，安装 26 台水轮发电机组，其中左岸厂房 14 台，右岸厂房 12 台。水轮机为混流式，机组单机额定容量 70 万 kW，合计额定装机容量 1 820 万 kW。

2003 年 7 月 10 日，左岸电站 2 号机组投产发电并移交三峡电厂，这是三峡工程第一个投产的机组。2008 年 10 月 29 日，右岸 15 号机组投产发电，是三峡水电站右岸电厂最后一台发电的机组。

三峡工程在设计时还为地下电站预留了扩容空间，右岸地下电站共安装 6 台机组，总容量为 420 万 kW。

③ 永久船闸。坛子岭左侧的深槽就是建设中的永久船闸，为双线五级（葛洲坝为单级船闸），单线全长 1 607 m，由低至高依次为 1—5# 闸室，每个闸室长 280 m，宽 34 m，可通过万吨级船队，船只通过永久船闸需 3~4 h，主要供货运船队通航。闸室内水位的升降靠输水系统完成。这个深槽开挖最大深度 170 m，总开挖量 3 685 万 m³，为三峡工程总开挖量的 40%。混凝土浇筑量 357 万 m³，金属结构安装 4.17 万 t。1999 年年底，永久船闸基础开挖工程全部完成。2000 年开始闸门金属结构安装，2002 年 6 月闸门安装完毕，2003 年 7 月永久船闸通航。

④ 导流明渠。导流明渠全长 3 410 m，宽 350 m，宽度约占整个长江江面的 1/3，是三峡工程第一期工程完成的主要项目。它的设计通航流量为 2 万 m³/s，当江水流量超过 2 万 m³/s 时，船舶通过临时船闸。施工期间共完成土石方开挖 2 823.68 万 m³，约占三峡工程开挖总量的 1/3。

⑤ 水电设备。三峡水电站将安装 32 台单机容量为 70 万 kW 的水轮发电机组（其中

地下厂房装有 6 台水轮发电机组），外加两台 5 万 kW 水轮发电机组，总装机容量 2 250 万 kW，年发电量达 1 000 亿 kW·h，是世界上最大的水电站。

⑥ 三峡工程专用公路。三峡工程专用公路始建于 1994 年，1996 年 10 月正式通车，总投资约 10 亿人民币。为准一级专用公路，单线全长 28.64 km（其中桥梁、隧道占 40%）。专用公路是三峡工程的对外交通工程，也堪称中国公路桥梁、隧道的博物馆。公路上有桥梁 34 座，其中特大型桥梁 4 座，双线隧道 5 座，其中最长的"木鱼槽"隧道单线长 3 610 m，是当时我国最长的公路隧道之一。

⑦ 升船机。三峡升船机是由武昌船舶重工有限公司制造的三峡升船机，承船厢可载 3 000 t 级船舶，最大爬升吨位高达 1.55 万 t，最大爬升高度为 113 m。而三峡升船机主体工程土建与部分设备安装工程，由葛洲坝集团三峡建设工程有限公司历时 6 年半建成。三峡升船机是世界上技术难度最大、规模最大的升船机，也是世界最大水利枢纽三峡工程的最后一个建设项目。中国工程院院士陆佑楣说，三峡升船机属于齿轮齿条爬升、长螺母柱短螺杆安全机构、全平衡垂直式升船机。这种形式比人们较为熟知的钢丝绳卷扬式提升方案更安全可靠。

2）技术重大突破

三峡工程在施工技术上的重大突破主要集中体现在三个方面：

① 攻克了直立高边坡开挖边坡稳定的技术难题。世界上最大的双线 5 级船闸——三峡永久船闸是从坚硬的花岗岩山体中整体开挖出来的，它的直立边坡最高达 175 m。在开挖过程中，三峡建设者利用预应力锚索、高强锚杆、喷砼支护、光面预裂爆破等新工艺、新技术，使陡峭的岩体开挖出来如刀切豆腐一般，岩体边坡稳定性达到设计要求。

② 攻克了大坝高强度混凝土浇筑的技术难题。三峡大坝要用 1 800 多万 m³ 混凝土浇筑而成。三峡大坝混凝土浇筑从 1998 年开始施工，1999 至 2001 年连续 3 年高强度浇筑，年浇筑量都在 400 万 m³ 以上，大大超过了巴西伊泰普电站创造的混凝土施工强度世界纪录。在大坝浇筑过程中，三峡建设者在大体积混凝土温控防裂技术、混凝土制冷技术、塔带机连续浇筑工艺等方面取得了重大突破。

③ 攻克了截流和深水围堰施工的技术难题。三峡大江截流时河床最大水深 60 m，截流水深居世界首位，三峡工程创造出"预平抛垫底、上游单戗立堵，双向进占，下游尾随进占"的施工方案，解决了深水截流的一系列技术难题。承担保护二期大坝浇筑重任的二期围堰

最大堰高 82.5 m，设计拦洪量 20 亿 m³，工程建设要求这道在长江深水中建起的围堰"滴水不漏"。在二期围堰施工过程中，三峡建设者在围堰防渗墙施工技术方面取得重大突破，这道围堰已经受 10 多次长江洪峰冲击，圆满完成了保护二期大坝浇筑的重任。

3）背后的故事

（1）三峡大移民——一部雄浑的史诗

古老三峡的十年巨变，向世人证明：中国人不仅能修建世界一流的水利工程，还能够实施世界上难度最大的水利移民工程。

图 4-2　三峡移民

（图片来源：腾讯新闻）

① 2003 年 6 月 1 日，三峡大坝正式下闸蓄水，坝前水位正在一天天升高，挡一江急流的大坝更加雄伟、壮观。傲然屹立的三峡大坝，物理构成是坚不可摧的钢筋混凝土，精神基石则是百万移民的无私奉献。移民，是困扰全世界水利工程的共同难题，国外不乏因移民问题影响工程进度甚至项目下马的先例。三峡浩大的移民工程，世界水利史上亘古未有。根据规划，三峡蓄水至 175 米水位时，最终移民将达到 120 万人。这相当于一个欧洲中等国家的人口，是此前世界最大的水利工程伊泰普电站移民的 28 倍！三峡工程成败关键在移民。破解这道世界级难题的"金钥匙"，已经牢牢掌握在湖北省和重庆库区人民的手中。

2003 年 4 月 27 日，三峡二期移民工程通过国务院最终验收。这是一个令人激动感怀的标志：三峡移民用泪水和汗水浇筑的大坝之基已经筑牢，走在了工程设计的前面，完全能适应大坝初期蓄水的需要！ 10 年来，三峡库区已搬迁、安置移民 72 万多人。

图 4-3　外迁的移民

（图片来源：三峡影像网）

②童庄河涨水了。尽管知道这一天迟早要来，73岁的郑家发还是情不自禁地流泪了。三峡大坝蓄水，横穿秭归县郭家坝镇的童庄河上涨。从山底搬到山上的移民郑家发，推开窗户就能看见，解放初带领全村百姓苦干4年开垦的百亩良田渐渐没入水中。故土难离，始终是千百年来积淀在中国百姓心中的情结。然而，为了国家大计，为了民族大业，库区儿女挥别家园，为三峡工程让路。我们怎能忘记？

1992年10月，三峡工程施工准备期。秭归杨贵店村70多岁的老党员谭得训说服4个儿子，全家老少拆掉4间大瓦房，搬进了临时帐篷，这是三峡百万移民搬迁第一户。随后，轰鸣的挖土机在他拆除的宅基地里铲出了三峡工程第一铲土。我们怎能忘记？

1995年4月10日，桃花盛开。秭归向家店村46户王昭君的后裔，含泪跪拜祖先的灵位，从当年昭君入宫的出发地香溪河口，乘坐木船顺江而下，远迁宜昌市伍家岗区。我们又怎能忘记？

移民郑玉枝，搬迁时即将分娩，最后在临时帐篷里生下了孩子，取名路生；移民李自淑落户伍家岗灵宝村，她的父亲和小弟、妹妹迁到了枝江，另一个弟弟迁到远安，一家分成了三地。奉献，是一颗种子，洒遍峡江两岸。10年风雨，三峡库区移民搬迁的感人故事，不胜枚举。

没有一个人说"我为三峡作了贡献"，但雄伟的三峡大坝，将永远铭刻着他们的名字。2002年，中央电视台评选"感动中国"年度人物，百万三峡移民获得特别大奖。

我们庆幸，我们自豪，为可敬可爱的三峡移民。

③首批三峡移民抵崇明：到家了！2000年8月17日，由重庆市云阳县启程来沪的首批150户、639位三峡库区移民，乘坐长江"江渝9号"轮安全抵达上海崇明，并于中

午全部到达新居安顿落户。

历经 90 多小时的水路颠簸，移民们一个个的脸上还带着疲惫之色，但当崇明岛出现在眼前时，他们的情绪顿时好了起来，一种新鲜感和兴奋之情难以言表。他们纷纷走出船舱，来到甲板上，争相一睹"第二故乡"的真容，热情地向岸上的欢迎人群挥手致意。

7 时 45 分，移民正式登岸。三峡库区第一个报名迁移上海的徐继波，手捧千里迢迢从家乡重庆云阳县南溪镇带来的一棵黄桷树苗，又是第一个踏上崇明岛。来自崇明各乡镇村的数百名干部和志愿者，纷纷登上轮船，帮助移民扶老携幼、背运行李走下船舷。热烈亲切的欢迎场面，令每一个移民家庭都感动不已。来自云阳县南溪镇火脉村的移民刘修录，一下船就有两个未曾谋面的新乡邻上来帮着提行李、抱孩子，还不时向一家老小介绍新家园的情况，他堂堂一个中年汉子，不禁激动得流出了热泪："刚刚在故乡离别亲人，想不到才踏上崇明岛，又遇到了胜似亲人的好乡邻，真有一种回家的感觉。"

根据国务院统一安排，上海要接收安置三峡库区移民 5 500 人，首批迁居上海崇明的 150 户移民，来自重庆市云阳县南溪镇和龙洞乡，其中年龄最大的 82 岁，最小的还不满 1 岁。他们分别被安置在崇明 11 个乡镇的 47 个村。

图 4-4　外迁的三峡移民

（图片来源：搜狐网）

④ 党和政府把移民的发展权看得比什么都重要。早在三峡工程动工前，三峡库区进行了 8 年移民试点。1986 到 1993 年，秭归县一个叫水田坝的弹丸之地一度成了世界焦点。水田坝乡的 230 户、750 个农民，用 8 年实践为三峡工程探出了开发性移民的崭新路子。1993 年，国务院发布《长江三峡工程建设移民条例》，把开发性移民方针写进了条例的第一章。

10 年移民路，从秭归、兴山到巴东，一个又一个"水田坝"在峡江两岸涌现："线上一条路，沿路一排房，房后一片园"的农民一条街模式，"靠路安居城镇化，靠山乐业基地化，靠游兴村特色化"的城乡一体化模式，"一户一个院，一人一亩田，统一水电路，自然连成片"的庭园模式……三峡人的伟大创造力在紧锣密鼓的大移民中得到淋漓尽致的发挥。三峡库区人多地少，后靠方式安置的农村移民，耕地分配不足，一度出现新的坡改梯运动，造成新的水土流失和生态破坏。

为此，1999年，国家进一步调整三峡工程移民政策，把本地安置与异地安置、集中安置与分散安置、政府安置与自找门路安置相结合，库区13万多移民分别被安置到11个省市。

⑤三峡大移民，绝不是百万人口的简单重组。它所引发的巨大社会变迁，绝不亚于三峡自然景观的沧海桑田变化。三峡工程，为三峡库区注入了活力。三峡工程中移民资金为400亿元，占三分之一强。过去十年，二期蓄水涉及的库区12个县区，固定资产投资增长了10倍，农民人均纯收入年均增长17.74%。安排移民生产生活、建设新城新镇、调整经济结构、改善基础设施……三峡库区自然资源、社会资源和经济资源得到全方位整合、重组，库区社会经济结构跃升，展示出了更加美好的发展前景。

在人类改造和利用自然的历史上，任何一项关系全局的重大工程建设都必然对国家和民族的发展产生重大而深远的影响，也必然孕育出震撼人心、传之千古的伟大精神。三峡工程就是关系我国现代化建设全局和中华民族长远发展的重大工程。三峡工程的百万大移民创造了人类水库移民史上空前的奇迹，在百万大移民实践中产生的三峡移民精神是新时期民族精神和时代精神的生动体现。三峡移民精神是在党中央、国务院领导下，三峡库区广大干部群众以及全国人民在整个三峡移民工作中共同创造出的宝贵精神财富。它源于库区，形成于移民过程中，与民族精神一脉相承，是时代精神的集中体现。

首先是顾全大局的爱国精神。爱国主义是中华民族精神的核心，具有强大的感召力和凝聚力。爱国主义是三峡移民精神的灵魂，是百万移民伟大实践取得成功的强大精神动力。爱国不是抽象的概念，而是在特定时代和特定环境下实实在在的行动。在库区移民过程中，爱国就意味着某种意义上的舍弃，意味着某些利益的牺牲，意味着必须顾全大局、为国分忧。三峡工程建设是国家、民族的整体利益和长远利益所在，是全国的大局所在。为了顾全这个大局，广大三峡移民毅然决然地抛家舍业、离乡别土，不讲"价钱"，不言回报，没有豪言壮语，一句"舍小家、为国家"诠释了所有的爱国情怀。这种爱国精神，充分体现了百万移民以国家、民族大义为重的宽广胸襟，以地区、个人、家庭利益服从国家利益的高度政治觉悟和舍家报国的高尚情操，丰富了爱国主义的精神内涵，凸显了爱国主义的时代特色。

　　其次是舍己为公的奉献精神。在三峡工程移民中，广大基层移民干部以高度的历史使命感、强烈的事业心、自觉的献身精神，坚持"以移民为先、以移民为重"，全心全意地为移民服务，塑造了新时期人民公仆的良好形象。为了维护和发展移民的利益，他们把个人利益乃至生命安全置之度外，全身心地投入移民工作中，跋山涉水、走村串户，夜以继日、艰苦奋战，赢得了广大移民群众的衷心爱戴。这种舍己为公的奉献精神，充分体现了我们党全心全意为人民服务的宗旨，体现了立党为公、执政为民的要求，是共产党人时代风采的真实写照。

　　再次是万众一心的协作精神。三峡百万移民是一项涉及库区内外、方方面面的庞大系统工程。全国人民以高度的政治责任感、使命感和主人翁精神，积极投入这一系统工程，共同承担起这沉甸甸的历史重任，奏响了社会主义团结协作的时代壮歌。在党中央、国务院的统一领导下，全国 20 个省市、国家 29 个部委对口支援库区的移民搬迁安置工作，形成了全社会、全方位、多形式、宽领域支援库区移民开发和安置的生动局面，有力地推动了移民工作的顺利开展，促进了整个库区经济社会的发展。在对口支援和外迁移民安置中表现出的全国各地各部门识大体、顾大局，争相为三峡工程作贡献的社会主义大协作精神，是中华民族凝聚力的生动体现，充分展现了社会主义制度集中力量办大事的优越性。

　　最后是艰苦创业的拼搏精神。三峡工程移民是开发性移民。要实现"搬得出，稳得住，逐步能致富"的移民安置目标，要靠各级党组织和政府的正确领导和关怀，要靠各方面的大力支持，而最根本的还是要靠三峡移民自力更生、奋发图强、迎难而上、艰苦创业，在开发中创造自己美好的未来。面对后靠以后的新环境，面对外迁以后的新家园，面对现实生活的新变化，三峡移民没有消沉，没有抱怨，没有坐等，而是坚定信心，积极进取，不畏艰辛，迎难而上，自力更生，学习新知识，掌握新本领，移山填谷打造新家，转变观念开创新业，用心血和汗水谱写了一曲曲艰苦创业、奋力拼搏的凯歌。

　　（2）郑守仁：用一生守护三峡大坝

　　"三峡工程是我们水利人共同的孩子，获得这个荣誉，是党中央、国务院对三峡工程的肯定，对所有参与建设、维护、运营三峡大坝的人的肯定，感谢大家用行动守护长江，守护三峡。" 2019 年 9 月 25 日，被授予"最美奋斗者"称号后，79 岁的中国工程院院士、三峡工程总设计师、水利部长江水利委员会原总工程

图 4-5　最美奋斗者——郑守仁
（图片来源：新华网）

师郑守仁如是说。

1963年，郑守仁从华东水利学院河川枢纽及水电站建筑专业毕业，分配到长江委工作，从此一生与水利结缘。20世纪七八十年代，郑守仁主持了乌江渡、葛洲坝工程导截流设计，创造了多个全国第一。

54岁时，郑守仁迎来了他一生最大的挑战：担任长江水利委员会总工程师，作为前方技术总指挥，主持三峡工程设计总成及现场勘测、设计、科研工作。

三峡工程给郑守仁出了不少难题。1997年大江截流，水深超出一般特大型工程截流水深的两三倍，而最大的障碍是江底20多米的软淤沙。水工模型试验表明，截流戗堤进占过程中的重压会使淤沙挤出，堤头随时可能坍塌。为解决好截流施工的这一重大隐患，郑守仁查阅了世界水利施工的文献，反复进行模型试验，创造性地提出"人造江底，深水变浅"的设想，一经实施，大江截流有惊无险。这一设计不仅获国家优秀设计金奖，其技术成果也荣获国家科技进步一等奖，更跻身1997年世界十大科技成就之列。继大江截流之后，郑守仁又带领团队在2002年成功攻克三峡导流明渠截流难题。

郑守仁始终把工程质量看得高于一切。三峡工程重点部位的基础验收，他都在现场，对发现的工程质量问题除向各有关单位反复强调进行处理外，还提出技术处理措施补救，不留隐患。

多年来，郑守仁主持召开三峡工程现场设计讨论会2 500余次，形成会议纪要6 800多万字。由他撰写的现场设计工作简报500多期，400多万字，是一部最真实、详细的三峡工程建设史和备忘录，为确保三峡工程的设计质量和施工质量奠定了坚实基础。

在三峡，郑守仁一守就是26年。尽管那几年他饱受多项疾病的困扰，每隔几个月就要去医院进行复查治疗，但三峡坝区一套18 m² 的简陋工房是他和妻子永久的家；三峡坝区北面一隅的14小区办公大楼永远有一盏灯属于他，他的生命"早已和三峡大坝融为了一体"。郑守仁先后荣获国家科技进步特等奖和一等奖各1项、二等奖2项；国家优秀设计金奖2项、银奖1项；省部级科技进步特等奖1项，一等奖4项。共获国际大坝委员会终身成就奖等17项省部级以上奖励，他将各种奖金、稿费、讲课费80余万元全部捐献于公益事业。

"作为一名水利人，能参与三峡工程是最大的幸福。"郑守仁说，"只要三峡工程需要我一天，我就在这里坚守一天。"

在70年的长江治理保护历程中，涌现出了一批又一批优秀共产党员，他们不忘初心、牢记使命，创造出一个又一个划时代的榜样，郑守仁就是其中的杰出代表！郑守仁严谨的工作态度、爱岗敬业和拼搏奉献的精神，直面挑战、勇于担当的精神激励着一代又一代的长江委人为水利事业奉献毕生精力，同时也正在影响年轻一代积极投身祖国建设事业。

奋斗者就在我们身边，坚定了我们扎根工作岗位，以个人的奋斗为国家、社会、企业的发展贡献力量，我们要以这些朴实无华的追梦人为榜样，不断努力，超越自我，要始终不忘初心、牢记使命，把价值、情怀、使命、担当，投入到攻坚克难、干事创业的事业和奋斗中去。

（3）潘家铮——身"铸"祖国大江大河

潘家铮，中国著名水利水电工程专家，中国科学院院士、中国工程院院士。他是中国水电事业的当事人，以开发水电、实现西电东送为平生夙愿，主持了中国几十座大坝的设计与建设，为三峡工程倾注了大量心血。

潘家铮出生于浙江绍兴一个书香之家，这个并不机灵、被父亲称作"呆虫"的孩子，最大的爱好就是读书。读书使他早慧，为他以后阅读汗牛充栋的资料打下基础；读书更使他情感炽热，性格执着，养成了为理想百折不回的精神。凭借着一目十行的天资，潘家铮勤学苦读自学不辍地考取了高中，顺利完成毕业后，次年报考浙江大学。1950 年，他从土木工程系毕业，成为新中国第一代水电人，开始触摸一生的梦想：开发水电，造福人民。

他从设计、施工装机容量为 200 kW 的小水电站做起，并进修数学和力学知识，逐步形成独特的设计思想。7 年之后，他出任新安江水电站副总工程师，开始具体领导工程设计与施工。

1985 年，潘家铮担任三峡工程论证领导小组副组长及技术总负责人。"如果三峡工程需要有人献身，我将毫不犹豫地首先报名。我愿意将自己的身躯永远铸在三峡大坝之中。"潘家铮曾无限深情地说。挑起三峡总公司技术委员会主任的重担后，潘家铮变得忙上加忙。设计审查、科学研究、科学管理、施工技术，工作起来没个白天黑夜。对他来说，时间就是电能，必须捏紧分分秒秒。

在现场质量检查中，年逾古稀的潘家铮从不满足于听汇报，任何疑点都要亲自察看。在一个严寒的冬天，已经数次察看过导流底孔的潘家铮，在检查完机组安装质量后，又执意要看一看 2 号导流底孔过流后的状况。导流底孔在三峡大坝 120 栈桥下方 70 m 的地方，需沿着垂直的梯子爬上来。潘家铮不要人搀扶，一级一级往上攀，回到 120 栈桥上时，大家这才发现摘下安全帽的他早已大汗淋漓。

为三峡工程呕心沥血，因三峡工程而扬名，但他的足迹远不止于三峡。黄坛口、流溪河、东方、新安江、富春江、乌溪江、锦屏边有他设计的图纸；乌江渡、龚嘴、葛洲坝、凤滩边有他思忖的脚印；龙羊峡、东江、岩滩、二滩边有他的果断决策……潘家铮以这种特殊方式把自己"铸"入了祖国的大江大河。

潘家铮院士是无愧于时代的工程大师，他的一生，是爱国奉献的一生、是勇于创新的一生、是不懈奋斗的一生。他勇于探索、实事求是的创新精神创造了伟大的物质财富，也成为一代代水电人伟大的精神宝藏。2012 年，潘家铮荣膺光华工程科技奖成就奖，然而此刻 85 岁的他正与病魔殊死斗争，没能到颁奖现场亲手捧回属于他的光华工程科技奖成就奖。2012 年 7 月 13 日，潘家铮于北京逝世，享年 85 岁。他用 80 多年的人生旅途，把对科学理论的研究、水电建设的实践追求做到了极致；在超过一甲子的岁月里，他把自己全部的忠诚、智慧、汗水洒向祖国的山山水水、洒向利国利民的水利水电事业。

4.2.2 达拉特光伏发电应用领跑基地——全球最大光伏治沙项目"黄沙"变"黄金"

1）项目简介

库布齐沙漠是中国第七大沙漠，拥有丰富的太阳能资源，年均日照时数超过 3 180 个小时，发展光伏产业得天独厚。在我国大力发展清洁能源的背景下，2017 年由国家能源局批准在库布齐沙漠建设达拉特光伏发电应用领跑基地。该基地总规模 200 万 kW，分三期完成，建成后年发电量将达 40 亿 kW·h，年减排二氧化碳 320 万 t。同时，这里还是中国荒漠化治理的试验场，探索出"光伏治沙"新模式，可有效治沙 20 万亩。光伏发电站基地全部采用双面光伏板和跟踪式支架，同时吸收太阳直射光和地面反射光，实时跟踪太阳位置自动调整方向，可提高发电约 20%。基地一期项目的发电量超 9 亿 kW·h，实现产值约 3 亿元。

光伏基地不光能发电，还能治沙。一方面，基桩能固沙，光伏板能遮阴，为植物生长明显改善环境条件，治沙效果事半功倍；另一方面，绿化治沙能减少风沙侵袭，降低光伏项目的管护成本，光伏企业自身也有治沙积极性。因此，国家电投、中广核太阳能等清洁能源巨头在投资建设中，每亩专门配套 3 000 元治沙资金，用于栽植沙障、防护林和经济作物等。

光伏发电站建设正让沙漠变绿洲。一期项目已完成生态绿化工程 2 万余亩，光伏板间隙种满了黄芩、黄芪等中草药，一些区域还种植着红枣等经济林木，草丛中开始出现小型啮齿类动物的足迹和粪便。生态好了，当地农牧民便成为光伏治沙的受益者。在生态修复中，不少农牧民参与承包经济林养护工程，按照"谁养护谁受益"原则进行利益分配。同时通过沙漠旅游、光伏板保洁、物业服务等工作，当地每年可吸纳就业 1 200 人，人均增收 4 200 元。目前，该基地一期项目已经全容量并网发电，二期项目正在建设。从"沙进人退"到"人进沙退"，从防沙治沙到科学利用并举，一度死寂的库布齐沙漠正重焕生机。

基地还创造了一项"世界之最"，由国家电投集团建设的"骏马"光伏电站，于

2019 年 7 月 9 日成功通过吉尼斯世界纪录认证，成为世界上最大的光伏板图形电站。

图 4-6 "骏马"光伏电站

（图片来源：搜狐网）

2）项目优势

（1）采用先进设备

达拉特光伏发电应用领跑基地采用 PERC 单晶高效双面双玻组件及跟踪式支架，截至 2019 年 9 月 30 日，基地发电量突破 8 亿 kW·h，比申报预期目标提前 3 个月达效。在运维方面大规模应用人工智能和大数据、5G 通信、无人机巡检等智能运维手段，实现"无人值班、少人值守"。同时，通过就近利用集中处理、回收煤矿疏干水，不仅保障了光伏项目生产用水，而且有效减轻地方环保压力。

（2）政府组织调度进行项目建设

在政府的支持及组织调度下，国家电投用 133 天完成 30 万 kW 的项目建设。前期，政府成立工作组牵头协助项目完成前期审批文件，为项目建设赢得了宝贵时间；在建设过程中，同时有千辆工程车辆进场作业，由政府组织调度，以保证施工的顺利进展。在光伏建设的最后并网环节，也是由政府协调电网公司投资建设全部的送出线路工程，为项目节约了前期投资成本。

（3）模式创新

库布齐沙漠亿利生态示范区在当地创建了光伏治沙的新模式，并以"平台＋插头"的合作机制，多年来吸引了多家大型企业到库布其投资建设，开展多种形式的合作，共建"绿水青山""金山银山"。项目成功探索出了"治沙＋种植＋养殖＋发电＋扶贫"五位一体的复合生态光伏治沙新模式，在获取太阳能清洁能源的同时，实现了沙漠土地治理改良，从而带动周边农牧民脱贫致富，实现"治沙、生态、产业、扶贫"四轮驱动可持续发展。

3）背后的故事

（1）一支不断刷新纪录的电力建设国家队—库布其光伏治沙项目

"十年种地九年空，家家户户逃外村"——几百年来，这句顺口溜曾是库布齐沙漠的最真实写照，一代代人远离故土，只为给自己找一条生路。然而，今天，库布其光伏治沙项目实现了"板上发电、板下种草、板间养殖、治沙改土、产业扶贫"的创举，不仅助推沙海变良田，更为当地百姓找到了创收好途径，实现社会效益、经济效益双丰收。

2018年12月31日，内蒙古库布齐沙漠太阳能治沙发电综合示范项目二期工程并网发电。45万多块光伏板在一个多月的时间内安装完成，15万千瓦光伏电站仅用130多天就建成投产——在一次又一次的刷新建设纪录中，建设队与艰苦为伴，在挑战中笃行，书写了电力建设的传奇，也演绎出电力建设者精益求精、担当有为的精神与品质。

图4-7　库布其项目建设中

［图片来源：中国能源建设集团有限公司（国务院国有资产监督管理委员会）］

● 加油！高质量如期完工的"使命必达"！

黄沙漫漫的库布齐沙漠腹地，湛蓝的太阳能板整齐阵列，在茫茫沙漠中汇成了一片海洋。而这一切，都来自建设工人130余天的辛苦建设。

2018年8月18日，库布其二期光伏治沙项目正式开工。八月的库布齐沙漠，太阳炙烤着大地，地表温度超过 50℃，人必须要躲进屋子才能过活。然而，就是在这样的条件下，施工人员仅用了 40 天就完成了光伏电站 13 000 多根混凝土桩的浇筑工作。

220 kV 升压站扩建工程是决定库布其二期光伏电站能否顺利并网发电的关键。40 天的土建施工之后，已是深冬季节，工程也进入了重要电气设备安装阶段。

"一起风，气温马上就降下来。在现场待一小会，手脚都会不听使唤。但施工不能停，我们必须坚持。"库布其的项目部经理梁铁八感叹道。为了确保工程顺利如期投运，梁铁八带着他的施工队伍每天全副武装，从厚厚的棉衣、棉手套和棉安全帽，到室外临时搭设的保护棚，全力和暴雪抢时间。最终，经过 25 个日夜的争分夺秒，不仅低温施工纪录屡屡被刷新，升压站也终于完成建设顺利投运。

挑战接踵而至。虽然完成了基础设施建设，但并不能让大家松口气，因为供货延迟，光伏电站的设备安装时间又成了压在大伙儿心头上的一块石头。焦灼的等待日日重复，直到 11 月下旬，454 500 余块光伏板及支架等设备才姗姗来迟。

工期不能拖延！面对年底全容量并网发电的"使命必达"，面对仅剩一个多月的施工时限，库布其项目部全体上阵，1 600 余名施工人员每天奋斗在零下 20 ℃左右的沙漠上，只为坚守如期交付的承诺。

2018 年 12 月 5 日，库布其项目的固定式光伏发电系统首批 8 个区的 2 万 kW 成功带电并网。12 月 26 日，项目并网容量达到 5 万 kW，日均安装 1 万多块的速度，再次刷新了光伏项目的低温施工纪录。12 月 31 日，全部工程正式完工投产。

图 4-8　库布其二期光伏电站

（图片来源：北极星电力网）

更值得称赞的是，在战严寒、保投运的同时，工程质量也同样实现了高标准——全场60台箱逆变一体机的基础全部采用清水混凝土工艺，并制作圆角；混凝土立柱一次浇筑成型，外观优美；光伏板整齐排列，板顶对齐……

短短130余天，工程队完成了库布其沙漠生态太阳能治沙发电综合示范项目454 500余块光伏板的安装任务，其中饱含着每一位库布其项目建设者的艰辛付出。在清洁能源项目现场上，建设者栉风沐雨，不休不眠，守土尽责，战之必胜，完美实现了从原来的火电建设者到清洁能源建设者的华丽转身，让"中国能建"的品牌展旗亮剑，昂然屹立。

时代变了，生活变好了，环境变美了。这支电力国家队的付出和努力是奋勇争先的拼搏精神、永不言败的顽强斗志、团结协作的集体主义、更是求真务实的科学态度。

（2）农牧民治沙走上致富路

内蒙古鄂尔多斯市的库布齐沙漠，曾经是寸草不生的千年荒漠，风沙肆虐，被称为"死亡之海"。农牧民在沙漠里靠着一点沙生植物，艰辛游牧，生活贫困。如今，这片面积1.86万 km² 的大沙漠，1/3 已经得到治理，植被覆盖率已达到53%。同时，沙区农牧民们积极参与治沙，成功走上了致富路。

图4-9 库布其"光伏治沙"
（图片来源：看点快报网）

① 治沙扶贫两手抓。"清汤挂面碗底沙，夹生米饭沙碜牙"，流传于农牧民口中的这句顺口溜，正是之前沙区艰苦生活的真实写照。而如今，通过参与治沙，十多万沙区农

牧民实现脱贫，成为库布其治沙事业最广泛的参与者、最坚定的支持者和最大的受益者。

3 000 多名农牧民把 151 万亩荒弃沙漠转租给治沙企业，成为"地主"，人均收入 16.6 万元。另有 93 万亩农牧民承包的沙漠入股治沙企业，按固定比例分红。沙区农牧民还积极参与治沙产业，实现了从农牧民到产业工人的转变。仅在沙漠治理中，库布其就先后组建 232 个治沙民工联队，5 820 人成为生态建设工人，人均年收入达 3.6 万元。

59 岁的吴直花，是杭锦旗独贵塔拉镇杭锦淖尔村的国家级贫困户。为了帮助吴直花脱贫，在政府的指导下，当地企业给她分了 30 亩沙地种植有治沙改土和药用经济价值的甘草，企业包种苗，包培训，包技术，包收购。企业自创了让甘草躺着生长的技术，可以让 1 棵甘草的治沙面积扩大 10 倍，并把这项技术无偿传授给吴直花这样的农民。通过种植甘草，吴直花一家摆脱了贫困，住进了新居。截至目前，库布齐沙漠的甘草种植面积累计达 220 万亩，每亩甘草可创收 400~450 元，带动 1 800 多户、5 000 多人成功脱贫。两三年后，沙漠土质得到了改良，可以种植西瓜、黄瓜、葡萄等有机果蔬。现在吴直花等农牧民搞起了电子商务，销售沙地里出产的有机果蔬，无污染，价格高，在网店里供不应求。

生态环境的改善更是为第三产业的发展提供了可能，许多农牧民在发展沙漠特色旅游上动起了脑筋。

在库布齐沙漠腹地，杭锦旗独贵塔拉镇道图嘎查村的牧民斯仁巴布，曾经在沙漠里养羊和挖野甘草为生，每年收入才两三万元。随着沙漠绿了，路通了，游客多了，他在牧民新村开了一家"草原请你来"饭庄，单餐能接待 80 人的旅游团。随着沙漠地区农牧民饭庄和沙漠旅游生意越来越好，斯仁巴布又趁热打铁，购买了 20 多辆穿沙摩托车出租给游客，一年收入保守计算也有二三十万元。

在库布其，近 1 500 户农牧民发展起家庭旅馆、餐饮、民族手工业、沙漠越野等服务业，户均年收入 10 万多元，人均超过 3 万元。

② 生态治沙走出去。库布其生态产业治沙扶贫模式让当地 10.2 万群众摆脱了贫困，让 900 多万亩沙漠变成绿洲与良田，让库布齐沙漠所在的杭锦旗成功摘掉了国家级贫困县和自治区级贫困县的帽子。

库布其模式在中国乃至全球引起强烈反响，众多深受荒漠化影响的国家和地区都强烈呼吁中国分享库布其经验。库布其经验内容丰富。它建立了一系列世界先进的示范中心，包括旱地节水现代农业示范中心、生态大数据示范中心、智慧生态，以及与联合国环境署共建的"一带一路"沙漠绿色经济创新中心等，为其他地区治沙提供广泛借鉴。

甘草治沙改土扶贫、沙漠生态光伏扶贫，这些在库布齐沙漠创建的生态治理和脱贫模式，已经在内蒙古乌兰布和、毛乌素，新疆塔克拉玛干、甘肃腾格里、西藏山南、青海祁连山等几大荒漠化地区悄然落地，并且沿着"一带一路"款款而行。

30 年来库布其还创造了一系列世界领先的治沙技术，走出了一条科技治沙、产业化治沙的新路子。他们首先研发了沙柳、柠条、杨柴、花棒等 1 000 多种耐寒、耐旱、耐盐碱的植物种子，建成了中国西部最大的沙生灌木及珍稀濒危植物种质资源库，开创了豆科植物大混交植物固氮改土等多种沙漠生态工艺包。库布其在实践中创新出气流法植树、水冲沙柳种树法、无人机植树、"微创"植树技术、甘草平移栽种和精准浇灌技术等 200 多项沙漠生态技术成果。

在工业上，库布其主要利用生物、生态，工业废渣和农作物秸秆腐熟等技术，发展土壤改良剂、复混肥、有机肥料等制造业。

在能源利用上，库布其充分利用沙漠每年 3 180 小时日照的资源，大力发展沙漠光伏项目。通过"板上发电、板间养羊、板下种草"的方式，利用光伏板生产绿色能源，通过光伏板间草林种植防风治沙、光伏板下养殖羊及家禽形成的天然生物肥反哺种植，实现了良性互动。

通过政府政策性支持、企业产业化投资、农牧民市场化参与、技术持续化创新的"四轮驱动"，在当地群众和亿利集团等沙区企业的艰辛努力下，库布其的农牧民实现了世世代代的脱贫夙愿，同时，这种生态产业扶贫的模式也成功走出内蒙古，走出中国，为其他荒漠化严重的地区提供有益借鉴。

如今贫困群众在党和政府的帮助下，已经用勤劳的双手和智慧改善了生活面貌。之所以能取得这么多丰硕的成果，是因为做到了"四个"始终：一是始终坚持听党话跟党走。二是始终保持艰苦奋斗本色。三是始终坚持绿色发展理念。四是始终坚持改革创新发展。我们也相信在新时代库布其的农牧民们一定会书写更多的传奇！

4.2.3 国家名片——华龙一号

1）项目简介

"华龙一号"是我国第一个具有自主知识产权的三代核电技术，它凝聚着中国核电建设者的智慧和心血，标志着我国正由核电大国迈向核电强国，也是中国核电"走出去"的高端代名词。

作为中国核电"走出去"的主打品牌，在设计创新方面，"华龙一号"提出"能动和非能动相结合"的安全设计理念，采用 177 个燃料组件的反应堆堆芯、多重冗余的安全系统、单堆布置、双层安全壳，全面平衡贯彻了"纵深防御"的设计原则，设置了完善的严重事故预防和缓解措施，其安全指标和技术性能达到了国际三代核电技术的先进水平，具有完整自主知识产权。

华龙一号凝聚了中国核电建设者的智慧和心血，实现了先进性和成熟性的统一、安全性和经济性的平衡、能动与非能动的结合，具备国际竞争比较优势，有望短时间内填补中国国内技术空白，具备参与国际竞标条件。

图 4-10 项目效果图

（图片来源：澎湃新闻）

图 4-11 项目施工图

（图片来源：新华社）

（1）研发历程

为满足我国核电"走出去"战略和自身发展需要，2013年4月25日，中国国家能源局主持召开了自主创新三代核电技术合作协调会，中广核和中核同意在前期两集团分别研发的ACPR1000+和ACP1000的基础上，联合开发"华龙一号"。2014年8月22日，"华龙一号"总体技术方案通过国家能源局和国家核安全局联合组织的专家评审。专家组一致认为，"华龙一号"的成熟性、安全性和经济性满足三代核电技术要求，设计技术、设备制造和运行维护技术等领域的核心技术具有自主知识产权，是目前国内可以自主出口的核电机型，建议尽快启动示范工程。为此，两集团签署《关于自主三代百万千瓦核电技术"华龙一号"技术融合的协议》。目前，中国已同意依托中广核防城港核电站3、4号机组和中核福清5、6号机组建设"华龙一号"国内示范项目。

2015年5月7日，中国自主三代核电技术"华龙一号"首堆示范工程——中核集团福清核电站5号机组正式开工建设；2015年5月9日20点08分，经过57小时20分钟混凝土连续浇筑后，福清核电5号机组核岛反应堆厂房底板9 000余 m^3 混凝土浇筑工作顺利完成。这标志着中国核电建设迈进新的时代，必将增强国际市场的信心，有力推进中国核电"走出去"战略的实施。

（2）技术要点

① 先进性和成熟性的统一。华龙一号以"177组燃料组件堆芯""多重冗余的安全系统"和"能动与非能动相结合的安全措施"为主要技术特征，采用世界最高安全要求和最新技术标准，满足国际原子能机构的安全要求，满足美国、欧洲三代技术标准，充分利用我国近30年来核电站设计、建设、运营所积累的宝贵经验、技术和人才优势；充分借鉴了包括AP1000、EPR在内的先进核电技术；充分考虑了福岛核事故后国内外的经验反馈，全面落实了核安全监管要求；充分依托业已成熟的我国核电装备制造业体系和能力，采用经验证的成熟技术，实现了集成创新。

② 安全性和经济性的平衡。华龙一号从顶层设计出发，采取了切实有效的提高安全性的措施，满足中国政府对"十三五"及以后新建核电机组"从设计上实际消除大量放射性物质释放的可能性"的2020年远景目标，完全具备应对类似福岛核事故极端工况的能力；华龙一号首台套国产化率即可达到85%，与当前国际订单最多的俄罗斯核电技术产品相比有经济竞争力，与当前三代主流机型相比也具有明显的经济竞争力。

③ 能动和非能动的结合。华龙一号在能动安全的基础上采取了有效的非能动安全措施，以可有效应对动力源丧失的非能动安全系统作为经过工程验证、高效、成熟、可靠的

能动安全系统的补充，提供了多样化的手段满足安全要求，是当前核电市场上接受度最高的三代核电机型之一。

④ 能避免类似于日本福岛的核事故。作为日本福岛核事故之后设计定型的新堆型，华龙一号充分考虑了福岛核事故的经验反馈，具有充足的能力避免类似福岛的核事故。

核电厂依靠反应堆中核反应释放的裂变能进行发电。如果反应堆停堆，核反应中止，核燃料会继续产生余热，仍然需要外部电源维持一回路和二回路的水循环，将堆芯余热导出，防止堆芯过热熔毁。这是保证核安全的一个重要目标。为了在福岛核事故这样的全厂断电情况下也能实现导出堆芯余热和包容放射性物质的安全目标，华龙一号在能动设计的基础上增加了非能动的事故处理措施。非能动系统的优点就是不依赖电源，而是利用重力、温差、密度差这样的自然驱动力实现流体的流动和传热等功能。同时通过福岛事故后的新增改进，华龙一号还设置了移动电源和移动泵，作为实现堆芯余热排出目标的最终手段。

⑤ 能够承受大型飞机撞击。"9·11"之后，国际上第三代核电站的核岛厂房设计过程中均考虑了商用大飞机的撞击影响。华龙一号作为中国自主研发的百万千瓦级先进压水堆，能够抵御大型商业飞机撞击是其设计要求之一，在具体的设计中，对于关键系统、设备采用抗大型商业飞机撞击壳的方式进行防护，如反应堆厂房、燃料厂房。同时，对于冗余的安全系统及其支持配套系统，在布置设计上采取空间隔离的方式，保证即使执行安全功能的某一系列安全系统受到飞机撞击，至少还有一列安全系统能够正常投运。

2）背后的故事

（1）打造华龙一号"中国芯"的年轻人

"华龙一号"是我国自主研发的第三代核电技术，其安全指标和技术性能达到了国际三代核电技术的先进水平，具有完整自主的知识产权。作为真正的"中国创造"，助力中国迈入制造强国行列。

"华龙一号"的核心设计团队来自中国核动力研究设计院，这是中国唯一集核反应堆工程研究、设计、试验、运行和小批量生产为一体的大型综合性科研基地。这个基地保障和支撑着我国核动力工程设计、核蒸汽供应系统设备集成供应等尖端研究。

从关键技术的国外引进到卧薪尝胆的自主研发，这支团队经历了怎样的蜕变？这群年轻的核工业人，在日复一日的攻关中，把忠诚注入灵魂，把个人发展与国运紧紧相连，在每一双明亮的眼睛背后，都有一颗炽热滚烫的赤子之心。

图 4-12　"华龙一号"施工现场

（图片来源：国际在线网）

①遭遇"傲慢与偏见"。2008 年，与德国、法国联合研发的某核电设备，有一个部件突然发生异常，德国工程师对法国工程师说，"估计是中国同事修改参数造成的……"当时刚刚担任中国核动力研究设计院助理工程师的何正熙听到了，但没有争辩和解释。中国工程师不被信任，不是一天两天的事了。

"我沉默了很长时间，辩解没有用，我就想，还是要国家强大了，实力强大了，做到 NO.1 了，偏见就消失了。"是的，我们为什么不能！何正熙（中国核动力研究设计院核动力装置仪表与控制研究室副主任）回到国内后，一头扎进科研攻关中。何正熙负责的棒控棒位系统，是核反应堆能量的控制系统，是关系到核电站可靠运行的重要设备。

"2016 年 6 月 20 日，讨论决定立这个项，这时候'华龙一号'已启动建设。我们的目标是：设计理念比国外先进一代，在国际上占绝对领先地位。这意味着，我们的产品与国外产品是小汽车和拖拉机的关系，而不是大拖拉机和小拖拉机的关系。"立项的那一刻，何正熙团队就如同上了战场。因为按照惯例，这个难度的科研攻关需要三四年，但是为了赶上"华龙一号"工程的需要，一年左右必须攻关成功。

在项目攻关中，何正熙已经到了"魔怔"的程度。同事们怕他持续"烧脑"，身体吃不消，赶他回家陪陪孩子放松一下，没想到反而促成了一次灵光乍现。"我教孩子学自行车，他摔地上了，车把摔偏了，本来向前骑，但他歪着骑。我看着他的姿势，突然受到了启发！棒控系统是不是也可以采用'歪骑'这种方式进行动态补偿呢？只要把偏差的主要因素和规律找出来，就可以把偏差补偿掉。"何正熙马上返回单位，全组人打开了思路，提出全新的棒位测量技术。棒位设备现场调试时间由平均半个月减少为 2 天以内，而且全自动，核电厂调试关键路径的时间极大缩短，核电厂的经济效益将显著提高！

"有你们这个速度在前面，以后我们项目时间都不敢超过一年。"有不少同事这样跟何正熙开玩笑。何正熙带领团队用 380 天就完成了"不可能完成的任务"！何正熙说，"回过头来看，我们的高度是由困难决定的，困难像一座高山，没爬时，根本不知道能爬过去，但正因爬过这座高山，所以我们达到了新的高度。"

何正熙和他的团队之所以能完成这个"不可能的任务"，和改革创新的精神密不可分。改革创新是时代精神的核心，改革创新精神既是对中华民族革故鼎新优良传统的继承弘扬，也是中国人民在改革开放伟大实践中体现出来的精神品格和精神特征。改革是破除社会发展障碍、激发社会发展活力的引擎，创新则是民族进步的灵魂、国家兴旺发达的动力。改革创新表现为一种不甘落后、奋勇争先、追求进步的责任感和使命感。不断推进中国核电事业走向新的高峰！

② 核心技术靠化缘是要不来的。"ZH–65 型蒸汽发生器是'华龙一号'桂冠上闪亮的明珠。"核动院的工程师们这么说。2018 年 8 月 23 日，出口巴基斯坦卡拉奇 3 号机组的"华龙一号"ZH–65 型蒸汽发生器安装完成。至此，"华龙一号"海外示范工程的 6 台 ZH–65 型蒸汽发生器均顺利完成安装。荣耀背后，中国核工业人的辛酸，却少有人知晓。

直到 2017 年首台 ZH–65 型蒸汽发生器制造完工前，国内所有大型核电蒸汽发生器均是国外型号。"蒸汽发生器曾经是核动力装置设计者心中的痛。"中国核动力研究设计院蒸汽发生器研发中心副主任何戈宁说。

"'华龙一号'刚开始做的时候，国内连第二代蒸汽发生器都还不具有自主知识产权。"何戈宁回忆，"因为外国人永远不会把'为什么'卖给你，即使花大价钱买回来一堆技术转让文件，那里面一写到核心内容就略去，核心的永远不会告诉你，特别是有一些技术上的分析方法，以及最宝贵的第一手技术数据。可以花钱买结果，但花钱买不到过程，买不到'为什么'。正如习近平总书记所说的，核心技术、关键技术，化缘是化不来的，要靠自己拼搏。"何戈宁团队的每个成员，平均每天加班 5 个小时，这一干，就是整整七年。

"团队不喜欢用'加班'这个词，为什么呢？问题搞不清楚，睡觉睡不踏实，你就是要花自己的时间，所以没有所谓'加班'一说，时不我待啊！只有把时间花进去，才能总结中国核电发展几十年来的建设运行经验、才能吸收国内外各种先进的设计理念，同时还保证不去触碰国外的专利，最后形成自己的技术，并把自己的核心技术申请专利保护。"

习近平总书记强调，关键核心技术是国之重器，对推动我国经济高质量发展、保障国家安全都具有十分重要的意义，必须切实提高我国关键核心技术创新能力，把科技发展主动权牢牢掌握在自己手里，为我国发展提供有力科技保障。正是国家有远见，关键技术决不受制于人，才有了今天核电领域不再被"卡脖子"的斐然成就。今天，新一代核工业人已经站在了巨人的肩膀上，他们既是追梦者，也是圆梦人。国家强大，给每个核工业人以更大的舞台、更多的机会去成就事业、创新创造。他们，正在用日复一日的奋斗告诉未来：从"站起来"到"富起来"再到"强起来"，民族复兴蓝图已绘，中国核电人，正青春！

（2）中国核电首航发达国家

2015年10月21日下午，在中国国家主席习近平和英国首相卡梅伦的见证下，中国广核集团（以下简称"中广核"）董事长贺禹和法国电力集团（EDF）首席执行官莱维（Jean-Bernard Levy）在伦敦正式签订了英国新建核电项目的投资协议。同时，投资协议还涉及双方在英国更为广泛的合作，包括在塞兹韦尔和布拉德维尔建设核电站，其中双方将共同推进塞兹韦尔C项目和布拉德韦尔B项目两大后续核电项目。"华龙一号"的安全水平与美国、法国、俄罗斯等世界主流三代核电技术相当，而经济性更具优势，是中国核电出口的重要选择。布拉德韦尔B项目将以中广核广西防城港核电站二期为参考电站，这是中国企业首次主导开发建设西方发达国家核电项目，将实现中国自主核电技术向西方发达国家出口的突破。

中广核挺入英伦首次在老牌核电强国建设核电站，是中国核电走出去的里程碑式事件，也标志着"华龙一号"技术得到了欧洲发达国家的认可。

目前泰国、印度尼西亚、肯尼亚、南非、土耳其、哈萨克斯坦等多个国家均对中国的"华龙一号"产生了强烈兴趣。英国核电项目的落地，将对中广核开拓国际核电市场产生良好的示范效应，增强新兴市场国家对"华龙一号"技术的信心。

早在40多年前改革开放初期，中国核电事业还处于起步、"拓荒"阶段。伴随着改革开放大潮，中国在民用核电领域实现从无到有、从小到大，中国"核电梦"一步步实现。

从跟跑到并跑再到领跑，中国潜心研究开发的自主核电技术在满足自身能源需求的同时，也实现了从技术到产业的"逆袭"，成功打入国际市场，中国正成为世界核电技术与核电工程建设的重要贡献者之一。从"中国制造"到"中国创造"，中国核电也正成为代表中国高端制造业走向世界的"名片"。

第 5 章

轨道交通
——惊艳世界的中国速度

导　读

本章首先介绍了中国轨道交通行业的发展历程，然后对京张高铁、兰渝铁路、重庆轨道交通2号线三个典型轨道交通项目进行重点讲解，介绍项目概括，展现项目背后的动人故事。

5.1　中国轨道交通行业概况

5.1.1　轨道交通定义及分类

轨道交通是指运营车辆需要在特定轨道上行驶的一类交通工具或运输系统。最典型的轨道交通是由传统火车和标准铁路组成的铁路系统。随着火车和铁路技术的不断创新发展，轨道交通越来越多元化。

根据服务范围的差异，通常将轨道交通分为铁路轨道交通、城际市域轨道交通和城市轨道交通三大类。其中，铁路轨道交通一般分为普速铁路、快速铁路和高速铁路。铁路的建设和发展直接推动着国民经济发展，是国家基础设施重点投资领域；城际市域轨道交通介于铁路轨道交通和城市轨道交通之间，主要用于解决城市与城市之间互联互通问题，对于优化城市格局，缓解城镇密集地区的交通问题具有重要意义；城市轨道交通是指在城市中使用车辆在固定导轨上运行，并主要用于城市客运的交通系统，具有节能、省电、运量大、全天候、无污染（或少污染）、安全等特点，是城市公共交通的重要组成部分。

5.1.2　轨道交通行业发展现状及趋势

伴随着全球经济发展和工业复苏，轨道交通行业景气周期正处于新一轮上升阶段。在能源危机与环保压力日益加大的今天，轨道交通作为一种安全、快捷、经济、环保的交通方式，逐渐成为人们出行的首选。"城市化、绿色化、智能化"将驱动本已规模巨大的轨道交通产业"扩量""提质""升级"。

1）铁路行业

全球铁路行业市场空间广阔，随着全球经济的不断发展和全球经济体之间互联互通程度的加深，铁路作为经济环保的交通运输模式会得到持续发展。铁路是国家发展的一种经济力量，对经济发展和社会进步起着巨大推动作用。我国的铁路装备经历了由早期的蒸汽机车，到内燃机车，再到电力机车的发展过程，正进入一个大时代。

　　1964 年 10 月 1 日，世界上第一条高速铁路——日本东海新干线开通运营。高速铁路以高速、大容量、集约型、通勤化的特征，在中等距离的出行上具有极强的竞争力。

　　中国的高速铁路虽然起步较晚，但发展迅速。2008 年我国提出的"四纵四横"高铁网络在 2017 年底完美收官，并已形成郑州、西安、武汉等多个"米"字形高铁枢纽。2017 年 5 月，来自"一带一路"沿线的 20 国青年评选出了中国的"新四大发明"，高铁位列其中。

　　根据 2016 年 7 月国家发展改革委、交通运输部、中国铁路总公司联合发布的《中长期铁路网规划》，预计 2030 年末，我国将形成"八纵八横"高铁格局。届时，我国的高速铁路网将连接主要城市群，基本连接省会城市和其他 50 万人口以上大中城市，将实现相邻大中城市间 1~4 小时交通圈，城市群内 0.5~2 小时交通圈。借力高铁，一座座城市正在崛起，大中小城市因高铁而串联，人、钱、物在城市间、地区间的流向更加便捷和高效。高铁网络正以前所未有的速度改变着中国城市的格局。

　　回顾我国高速铁路的发展历程，初期的战略设想是首先对既有线进行改造，以较少的投资，较短的时间建成旅客列车速度达 160 km/h 的准高速铁路，并在其中设置供高速列车运行的试验段。在积累经验的同时，为我国大量的既有线进一步提高速度提供技术储备。然后建成一条速度达 200~300 km/h 的高速客运专线进行试运营，再逐步提速发展成网。

　　为探索我国高速铁路的发展模式，1994 年，我国第一条广州—深圳准高速铁路建成并投入运营，其旅客列车速度为 160~200 km/h。经利用既有线提速改造、建设部分新线和租用瑞士摆式列车、使用蓝箭国产动车组，第一次实现了公交化运输，在技术上实现了质的飞跃。广深准高速铁路更是通过科研与试验、引进和开发，为建设我国高速铁路做好了技术前期准备，被称为我国高速铁路的起点。

　　作为中国第一条准高速铁路，不仅在建设上有所突破，也在铁路投融资上有所创新。广深铁路曾一度因资金困难被迫停工，为保证建设投资，探索推行公司股份制改造进行上市融资，成为第一家在香港上市的铁路运输企业。它不仅见证了新中国铁路历史变迁，而且因其地处改革开放的前沿阵地，始终与中国的改革发展紧密相连，以先行者的姿态探索了中国铁路现代化技术结合市场化融资发展之路。

　　秦沈客运专线于 1999 年 8 月 16 日开始建设，2003 年 10 月 12 日开通运营，并第一次开行了速度 200 km/h 的中华之星动车组。秦沈铁路全长 404 km，设计时速 200 km 及以上，并预留 250 km 提速条件，其中山海关—绥中试验段可满足 250 km/h 安全运行，成为中国新建高速铁路最早的技术和装备试验基地，为高速铁路的固定和移动设备的研究试验、技术标准、工程设计、建造施工、运营维修等奠定了基础。

我国铁路自 1997 年 4 月 1 日开始第一次大提速以来，十年中持续实施六次大提速。2006 年 11 月 10 至 16 日，中国铁路第六次大提速进行综合牵引试验。试验数据表明中国铁路已经掌握既有线提速到 200~250 km/h 的整套技术，既有线提速技术达到世界先进水平。2007 年 4 月 18 日，第六次大提速正式实施，在京哈、京沪、京广、陇海、沪昆、胶济、广深等既有繁忙干线大量开行具有自主知识产权的 200~250 km/h "和谐号"高速动车组列车。这标志着中国铁路拉开进入高速时代的序幕。经过六次大提速，2007 年不仅实现了中国铁路百年发展历史上的速度为 200~250 km/h 的动车组和 120 km/h 的普通客车，以及 5 000 t 货物重载列车共线运行零的突破，而且创造了世界铁路既有线整体性、系统性提速改造的新模式，极大地推动了我国铁路运输生产力发展，引领了世界铁路提速改造的新潮流。它的成功实践，大大加快了中国铁路现代化发展的历史进程。

2008 年 8 月 1 日，中国第一条世界一流水平的高速铁路—京津城际铁路通车运营，350 km/h 京津城际铁路通过购买技术、增强自主创新能力为主的途径，对核心技术全面引进消化吸收，取得了中国第一条 350 km/h 高速铁路实现商业运行的重大成果。

2008 年 4 月 18 日至 2011 年 6 月 30 日建设的京沪高速铁路，标志着中国自主创新的高速铁路技术成功应用。京沪高速铁路是《中长期铁路网规划》中投资规模最大、技术含量最高的一项工程，正线全长 1 318 km，设计最高速度 380 km/h，初期运营速度 300 km/h，共设置 23 个客运车站。京沪铁路连接环渤海和长三角两个经济区，所经区域面积占国土面积的 6.5%，人口占全国的 26.7%，途经人口 100 万以上城市 11 个，是我国社会经济发展最活跃地区之一，也是客货运输最繁忙的通道之一。京沪高速铁路建设坚持自主创新，立足高起点、高标准，瞄准世界先进水平，历经前期引进消化吸收再创新的过程，形成具有中国自主知识产权的高速铁路技术体系，初步掌握了世界顶级高速铁路客车的设计与制造关键技术，走完了国外制造商历经几十年才走完的高速历程，开启了中国铁路高速新时代。

如今，随着高速铁路的建设，我国大部分城市的运行时长得以大幅缩减，"千里江陵一日还"早已变成现实。以上海为例，1949 年上海到北京坐火车最快需 36 个多小时，而 2019 年，上海到北京坐高铁最快只需 4 小时 18 分。广州在 1959 年最快也需 51 个小时到北京，而如今京广高铁最快只要 8 小时。

"复兴号"的运营更是标志着我国已成为世界高铁商业运营速度最快的国家，被世界称为"了不起的中国高端制造"。《中国国家形象全球调查报告 2016—2017》显示，海外认知度最高的中国科技成就中，高铁以 30%~40% 的认可度高居第一，成为科技创新的国家形象。

目前，我们已拥有完整的高铁创新体系，全面掌握了在各种复杂地质、地形及气候环境下修建高速铁路的成套技术。京广高铁、沪昆高铁、西成高铁等一批具有世界领先水平的标志性工程，昆明南、贵州北、成都东等能与各种交通方式无缝衔接的现代化客运枢纽，实现了我国铁路客站建设史上的重大突破。通过自主创新，我们在核心技术、成套建造、产业制造、运维服务、人才支撑五大方面已拥有较大优势，总体技术水平迈入世界先进行列，为中国"高端智造"注入了含金量。

国家铁路局发布的《2020 年铁道统计公报》显示，截至 2020 年年底，全国铁路营业里程达到 14.63 万 km，其中，变速铁路营业里程达到 3.8 万 km，相当于在"十三五"期间翻了近一番，稳居世界第一。

然而，中国铁路有的绝不仅仅是技术和速度，更有着想民生之所想，急民生之所急的中国温度。

国家精准扶贫，扶的是老百姓的"衣食住行"。铁路在老百姓的出行方面，称得上是"扶贫"攻坚的主力军。为了让山区群众早日脱贫，为了让发展更契合民生，铁路加强持续开发贫困地区的线路建设力度，逐渐加大铁路网密度。

2019 年，我国对贫困地区的铁路建设就占到全年铁路基建投资总额的近 80%，14 个集中连片特困地区、革命老区、少数民族地区、边疆地区累计完成铁路基建投资超过 4 000 亿元。在基础建设的同时，铁路也充当了贫困地区与外界交流的介质。2020 年，全路范围内开行了 81 对公益性"扶贫慢火车"。"慢火车"不仅满足了偏远地区人们的出行，还带动了周边地区旅游业的发展和农产品的销售，增加了许多就业机会。中国铁路为打赢精准脱贫攻坚战、服务沿线经济社会发展和群众出行提供了坚强的保障。

2）城市轨道交通行业

城市轨道交通为采用轨道结构进行承重和导向的车辆运输系统，依据城市交通总体规划的要求，设置全封闭或部分封闭的专用轨道线路，以列车或单车形式，运送相当规模客流量的公共交通方式。一般包括地铁系统、轻轨系统、单轨系统、有轨电车、磁浮系统、自动导向轨道系统、市域快速轨道系统等。

地铁系统是最为常见的城市轨道交通制式。世界上第一条地铁是英国伦敦的大都会线，该线于 1863 年 1 月 10 日通车。国际上大规模修建城市轨道交通始于 20 世纪 70 年代。目前，世界上有 50 多个国家的 150 多座城市开通了地铁。发达国家的主要大城市如纽约、华盛顿、芝加哥、伦敦、巴黎、柏林、东京等已基本完成城市轨道交通网络建设，后起的新兴国家和地区城市轨道交通建设方兴未艾，亚洲地区包括中国、印度、伊朗、越南、印度尼西亚等在内的多个国家均有多个城市在建或规划建设城市轨道交通线路。

我国的城市轨道交通是 1969 年的北京地铁 1 号线开始的。

1965 年 7 月 1 日，北京地下铁道一期工程正式举行开工典礼。1969 年 10 月 1 日，北京地铁一期工程线路开始试运营，我国有了第一条地铁线路。

如今，城市轨道交通已成为解决城市交通拥堵问题、实现城市空间布局调整及城市均衡发展的重要途径。

党的十八大以来，习近平总书记多次视察城市轨道交通并做出系列重要批示，为城市轨道交通发展明确了方向，提供了根本遵循。"城市轨道交通是现代大城市交通的发展方向"，"发展轨道交通是解决大城市病的有效途径，也是建设绿色城市、智能城市的有效途径。"

2019 年 9 月，中共中央、国务院印发的《交通强国建设纲要》中多次强调城市轨道交通建设，提出建设城市群一体化交通网，推进城轨铁路融合发展，提高城市群内轨道交通通勤化水平。

纵观我国城市轨道交通的发展历程呈现如下特点：

（1）建设速度快

截至 2020 年 12 月 31 日，全国（不含港澳台）共有 44 个城市开通运营城市轨道交通线路 233 条，运营里程 7 545.5 km。2020 年新增城市轨道交通线路 39 条，新增运营里程 1 240.3 km。"十三五"期间，累计新增运营线路 2 148.7 km，国内有 63 个城市的 7 611 km 规划线路已获批，全部建成投运后，我国城市轨道交通线路总里程将超过 2 万 km。[1]

（2）制式多样

虽然采用地铁制式的城市较多，公里数占到 75% 以上，但轻轨、单轨、有轨电车、磁悬浮等其他制式也不同程度地根据需要存在。如长春拥有轻轨和有轨电车，重庆轨道交通 2 号线和 3 号线采用的是跨座式单轨线路等。

（3）由单线向网络发展

多个主要大城市的城市轨道交通网络已建成多条线路，并已形成基本框架。这标志着

---

[1] 数据来源：中国城市轨道交通协会公布数据。

我国的城市轨道交通已形成网络化趋势。同时我国的城市轨道交通批建也已由原来的一条线路单独批建，转变为城市轨道交通网络建设规划的审批。

（4）国产比例不断上升

城市轨道交通车辆及机电设备等的国产比例不断上升，产业初步具有一定规模。

（5）从中心市区逐渐扩展到城市边缘和卫星城

为了实现城市空间转移和卫星城的建设要求，北京、上海、广州等一线大城市正在规划或建设市郊线路或城际快速轨道交通。

如今，伴随铁路轨道交通、城际市域轨道交通和城市轨道交通三线全开，我国已进入轨道交通全面提速时代。与此同时，借势全球轨道交通行业的新一轮发展契机，面对国际广阔的轨道交通市场，我国轨道交通产业在国家各项利好政策的推动下，在稳固国内现有市场的前提下，强化轨道交通行业领先发展优势，加快"走出去"步伐，提升国际竞争力，高端装备、新材料及智能制造产业将实现突破发展，引领中国制造新跨越。

5.1.3 重庆轨道交通发展概况

重庆轨道交通（Chongqing Rail Transit，CRT）于 2000 年经国务院批准建设，其第一条线路——重庆轨道交通 2 号线一期工程（较场口—动物园段）于 2004 年 11 月 6 日开通观光运营，于 2005 年 6 月 18 日正式开通运营，是中国西部地区第一条城市轨道交通线路，也标志着重庆，这座中国最年轻的直辖市，开启了轨道交通的新纪元。

2011 年，重庆先后开通轨道交通 1 号线和 3 号线，初步形成网络化运营。截至 2020 年底，重庆轨道交通已运营线路 9 条，线网覆盖重庆主城区全域，运营里程 343.3 km，客运量 83 975.1 万人次。根据 2019 年 2 月通过审议的重庆市《城市轨道交通成网计划实施方案》，2025 年，重庆轨道交通将实现超过 1 000 km 的目标。重庆全域"一张网、多模式、全覆盖"的轨道交通体系正在构建。

作为一种现代化的交通工具，城市轨道交通在重庆这片拥有 3 000 年悠久历史文化的土地上不断延伸，不仅改变了市民的出行方式，也是城市文化的一个展示平台，同时又成为城市文化不可分割的一部分。

为了充分展现重庆城市的物质文明和精神文明建设成果，打造具有文化氛围的轨道交通线路，重庆轨道交通按照"一条线路一个文化主题"的原则，在建设轨道交通线路的同时，将积淀厚重的城市文化元素打造其中，通过轨道交通这条流动的风景线展现出来，让我们的城市更加和谐、更加富有魅力。

5.2 典型轨道交通项目介绍

5.2.1 从京张铁路到京张高铁

1）工程概况

有着百年历史的京张铁路是我国自主设计、施工建成的第一条干线铁路，于1909年8月11日建成通车，因著名爱国工程师詹天佑先生创造性地修建了著名的"人"字形铁路，成功解决了南口至青龙桥18 km 33‰坡度的牵引限制而闻名于天下。

张家口在居庸关外，地当京师（北京）西北，自古以来，张家口作为扼守京都的北大门，也是历来的兵家必争之地，其在国防上的意义不言而喻。此外，张家口还是中国北方重要的物资集散地和对欧贸易的重要陆路商埠，在军事上和商业上均是中国北疆的重镇。

甲午战争失败后，一股变革、图强的力量逐步在涌动、汇集。清政府中开明之士逐步认识到铁路对军事和经济等各方面的作用。于是，在军事、政治、经济、保边、安民等一系列因素的综合影响下，自建铁路特别是修建京张铁路的呼声日益高涨。当时由于英俄两国对向中国贷款、主持修建京张铁路的要求互不相让，给了中国人自己修建京张铁路的机会。

1905年5月，清政府设立京张铁路局，以陈昭常为总办，詹天佑任会办兼总工程司（师）。第二年，陈昭常调离，詹天佑升为总办，主持全路修建事宜。这也成就了詹天佑成为中国人自己设计、主持修建干线铁路的第一人，从而一举成为享誉世界的"中国铁路之父"。

京张高铁与百年京张铁路在同一个起点和终点，交叉并行。京张高铁全长174 km，沿线共设7站。京张高铁起自北京北站，途经清河站、昌平站、八达岭长城站、东花园北站、怀来站、下花园北站、宣化北站、张家口站，全长174 km。

2019年6月12日上午10时许，京张高铁清华园隧道进口，最后一组500 m长钢轨驶入接轨点精准落位，这标志着京张高铁全线铺轨完成。

2019年年底，京张高铁开通运营，从北京乘高铁到张家口只需要50 min左右，比之前的普速列车缩短了2个多小时。京张铁路作为我国"八纵八横"高铁网京兰通道的重要组成部分，是京津冀协同发展的重要基础工程，是2022年北京冬奥会的重要交通保障设施，也是世界上第一条时速350 km的智能化高速铁路。

2）背后的故事——跨越百年，匠心筑梦

从 110 年前中国首条自行设计和建造的铁路——京张铁路，到世界上第一条最高设计时速 350 km/h 的穿越高寒、大风沙地区的高速铁路——京张高铁。京张高铁，不仅是中国铁路建设的缩影，更是中国蓬勃发展的见证。

抚今追昔，从京张铁路到京张高铁，这两条伟大的铁路，虽然只有一字之差，却已相隔百年。百年后，究竟有哪些变与不变？

从 35 km/h 到 350 km/h，速度变了！

京张铁路当时的时速只有 35 km 左右，而今天的京张高铁将成为世界首条设计时速达 350 km 的高速铁路。

一百多年前，詹天佑修建京张铁路时，全中国也找不到一台新式开山机、通风机和抽水机，建设者们只能靠双手挖通隧道。而如今，从蓝图到建成，在京张高铁的整个生命周期里实现信息全记录，推行精细化施工，盾构机、架桥机等巨型"变形金刚"和 BIM、可视化、大数据、移动互联网等一大批"黑科技"得到普遍应用。由中国人自主设计建造的京张高铁在这条历史之路上开世界智能铁路之先河。

从 35 km/h 到 350 km/h，京张线上的一草一木都见证了中国铁路的飞跃。从 3 个多小时车程到 1 小时之内，世界上最快的高铁将让京张两地近在咫尺。

从备受讥讽到世界领先，中国变了！

提速的不只是铁路，还有中国的国力和在国际上的地位。当年积贫积弱的清政府提出京张铁路的修建计划后，西方列强为进一步控制我国北部争夺修建权，互不相让。詹天佑被任命为总工程师后，他们觉得简直是一个笑话：这样艰巨的工程，中国人是无论如何也完成不了的！

缺少资金、缺少技术，加之列强的各种封锁与施压。彼时的中国四分五裂、国力羸弱，举国上下没有一寸铁路是自己造的，也没有任何独立修建铁路的经验。京张铁路动工时，西方报纸发文讥讽："中国造此路之工程师尚未诞生！"

詹天佑和铁路工人们面临前所未有的艰难：塞外常常狂风怒号，黄沙满天，而他们必须在峭壁和深涧中勘测考察、凿山开路。

但哪里有困难哪里就有中国人不服输的劲头。他们不畏惧、不退缩，全线竣工比计划提前了足足两年。中国人硬是用智慧和双手打通了京张两地铁路线。

中国人有了自己的铁路，给当时的列强们一记响亮的耳光。

图 5-1　京张铁路修成时，总工程师詹天佑

（车前右三）和同事的合影（资料照片）

（图片来源：新华社）

图 5-2　詹天佑的遗著：《京张铁路工程纪略》（左）和

《华英工学字汇》（右）

（图片来源：新华社）

时间拨回到今天，曾经备受国外讥讽的"铁路小国"已让世界刮目相看。翻开成绩单：世界首条新建高寒高铁——哈大高铁，世界单条运营里程最长高铁——京广高铁，世界上一次性建成里程最长高铁——兰新高铁……从引进改良的"和谐号"，到拥有自主知识产权的"复兴号"，中国人有了自己的高铁，用各项技术创新证明了自己。一百多年来，一代代的中国铁路人接续奋斗，终铸大国重器，实现了中国高铁从跟跑到并跑到领跑的完美逆袭传奇。

中国人的骨气和吃苦耐劳的精神从来没有变！

修建京张铁路时，为了让火车能顺利爬上陡峭的山坡，詹天佑顺着山势设计出巧妙的"人"字形折返线，成为中国铁路史上的一个创举。

面对山势高、岩层厚的居庸关，他采用从两端向中间凿进的方法。八达岭隧道太长，他又决定从中部凿井再向两头开凿。他让世人惊叹！

没有支持，我们自己摸索！

没有先例，我们自己发明！

今天的京张高铁创新从未止步：为最大限度保护水体，官厅水库特大桥设计采用岸上拼装法，是世界上首例适用于 350 km/h 高速铁路的钢桁梁桥；国内埋深最大的高速铁路地下车站——八达岭长城站，为消除对文物和环境的不利影响首次采用精准微损伤控制爆破等先进技术；为实现进出站客流完全分离，首次采用叠层进出站通道形式；为具备紧急情况下快速无死角的救援条件，首次采用环形救援廊道设计……

中国人的智慧和创新精神从来没有变！

图 5-3　詹天佑铜像

（图片来源：新华社记者于永甫 摄）

图 5-4　京张铁路青龙桥车站附近的"人"字形铁路（资料照片）

（图片来源：新华社发）

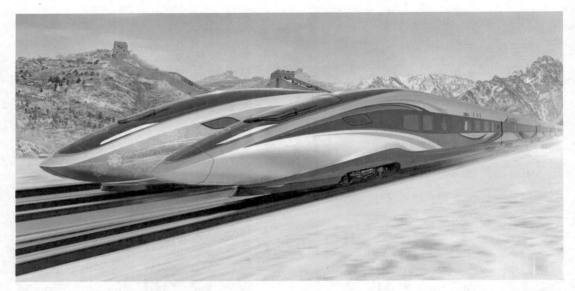

图 5-5　京张高铁智能动车组众创设计结果"瑞雪迎春"（左）和"龙凤呈祥"（右）效果图
（图片来源：新华社）

百年巨变，一部京张铁路变迁史就是一部中国发展史。今天的中国成就足以告慰先辈，今天的中国拥有自信从容的脚步，今天的中国巍然屹立于世界民族之林，就像奔驰在神州广袤大地上的高速列车。

中国车、中国桥、中国路……一件件大国重器、一项项浩大工程、一次次创新突破，不断地刷新着世人的想象。

中国将继续惊艳世界，驶向未来，驶向复兴！

5.2.2　兰渝铁路

1）工程概况

兰渝铁路早在孙中山先生《建国方略》中就被列为我国铁路系统重中之重工程，是连接我国西北与西南最便捷快速的大能力运输通道，是国家"一带一路"建设和西部大开发、渝新欧大通道等国家战略的重要组成部分，是连接黄河与长江两大流域和西陇海兰新经济带与川渝经济带的重要纽带。

2017 年 9 月 29 日，兰渝铁路全线通车。从兰州到重庆，过去走公路要 22 h，现在只需要 6 h。兰渝铁路也成为继京广铁路、京沪铁路，京九铁路，焦柳铁路之后，第五条纵贯中国南北的铁路大动脉。

兰渝铁路总长 850 km，不仅要翻越海拔 3 000 m 的秦岭，而且沿途地质状况复杂，堪称中国铁路建设史之最。没有足够的技术实力，这条铁路就只能停留于想象之中。兰渝铁路总共历时 9 年完工，但其中的一条隧道就修了足足 8 年。

8 年来，根据不同地质条件，兰渝铁路已分 5 段开通运营，而只有兰州市夏官营镇至定西市岷县段未通车。从重庆开出的火车，到甘肃岷县后只能调头折返，"望兰兴叹"。

这座隧道就是被视为"鬼门关"的胡麻岭隧道，全长 850 km 的兰渝铁路的全线贯通就硬生生地"卡"在了这里。

胡麻岭隧道总长 13.6 km。起初只用了 2 年时间，就已经挖通了 10 多 km。但就是最后的 173 m，让中国铁路人整整花了 6 年。最艰难的时期，每天只能掘进半米。

隧道施工，怕软不怕硬。胡麻岭的山体，沙粒比米粉还要细，地质学名称为"第三系富水粉细砂"。测量发现，每立方米富水粉细砂中，含砂 76%，含水 24%。它刚挖出来时呈固体状，能立得住，随后，先是像出汗一样渗水，一会顶部开始坍落，再过一会底部开始滑动，当富水粉细砂体量足够大时，便形成涌动的流沙，整个过程不到 20 min。在这种条件下打隧道，被形象地比喻为"在豆腐脑打洞"，任何现代化机械都无计可施，整个施工如同"拉锯战"，掘进、淹没、再掘进，进度变得异常缓慢。

德国专家曾自带设备和施工团队到胡麻岭应战，试了几次都未能成功，撤离时认为"不可能在这种地层中打隧道"。国际工程地质与环境协会主席卡罗斯曾两次到施工现场调研，国内外院士和专家曾先后 38 批次来现场分析指导，认定胡麻岭隧道地质为"国内罕见、世界难题"。

胡麻岭因盛产胡麻而得名，8 年来，隧道外面山岭上的胡麻长了一茬又一茬。这种由张骞出使西域时经丝绸之路带回中国的油料作物又称为亚麻，由其榨出的油称为亚麻籽油，其主要成分 α - 亚麻酸具有一定抗肿瘤、抗血栓、降血脂功效。在北京、上海等大城市，经过精美包装后的一瓶亚麻籽油售价达到百元以上，而在定西的很多山区，一斤的价格只有 10 元钱，造成这种现象的很大原因，就是不通火车，交通不便。

兰渝铁路途经 25 个县区市中，有 13 个国家扶贫重点县，4 个省级扶贫重点县，还经过许多革命老区、贫困山区、少数民族地区。打通这条路，让大山深处的百姓富起来，这是中国铁路建设者发自内心的呼喊。

一条路成了几代人的期盼。

2）背后的故事——173 m 的距离，夏荔和父亲走了 6 年

2017 年 10 月 21 日北京卫视《我是演说家》节目上，中国铁路人、兰渝铁路胡麻岭隧道 2 号斜井总工程师夏荔先生，向全国观众讲述了这项超级工程背后的故事。

听到德国专家的说法，夏荔和胡麻岭隧道工程团队当时都崩溃了。是的，怎么办？兰渝铁路当时已经修了 800 多 km，卡在胡麻岭怎么办？难道飞过去么？抛弃幻想，准备战

斗！飞不过去，就只有打通胡麻岭！

工程师夏荔和工友们不服输，用六年寻找新办法、勘探、挖掘，以每月 5 m 的速度最终挖通隧道，解决了这道世界难题。

地层里全是粉细砂怎么办？夏荔和团队就灌注化学浆液固结细砂。

隧道全是水怎么办？那就抽水排水。

夏荔和团队还创造性地想出了九宫格挖隧道方法，就是做成一个大九宫格，扣在隧道上，把一个大隧道分成九个小隧道来施工。这种方法的速度很慢，一个月只能挖 5 m。

世界难题是挺难的，但中国人不服输！德国专家说不可能，但我们中国人用我们自己的力量把这道难题解开了！

终于在 2017 年 6 月 19 日，胡麻岭隧道贯通了。

贯通的那一刻，夏荔在隧道的另一头看到了一个熟悉的身影——他的父亲。夏荔的父亲夏付华是中铁十九局胡麻岭隧道三工区的测绘员，2009 年 3 月进入胡麻岭隧道工程现场。夏荔 2010 年 9 月大学毕业来到胡麻岭隧道工程现场。父子俩虽然在一个隧道里工作，但 8 年来，除了春节或者开会能见一面外，两人连一顿饭都没吃过。

"我的工作是测绘，相对来说，他的工作太忙了，几乎没时间见面，虽然有电话，但隧道里没有信号，没法打，他闲时给我打电话我却进隧道了。有时想他了我就一个人徒步到距离 10 km 外的骡子滩二号斜井去看他，可大多他都在隧道里，见不着，我就又走回来了。"夏荔的父亲说。

夏荔的父亲修了一辈子铁路，和自己的妻儿过着聚少离多的日子。从小，夏荔就很少见到他的父亲。一年只能回家两次，总共只有十几天的时间能和家人团聚。初中让写作文，写我的父亲，夏荔写不出来，因为他根本不知道自己的父亲该怎么写。有一次，夏荔母亲带着夏荔去车站接他的父亲，父亲看到夏荔的那一刻哭了。母亲说，你爸爸哭是因为你长高了，上次见你才这么高，现在，儿子都快比父亲高出一个头了。夏荔父亲有一个习惯，就是带着小夏荔一起坐火车，告诉儿子，这条铁路是爸修的。夏荔父亲总说，自己就是铁路上的一块砖。可在夏荔心里，父亲就是自己的英雄。

不止父亲，夏荔的妻子也奋战在胡麻岭隧道项目中。当然，这个工程师家庭奋战在隧道项目中的还有夏荔 2015 年在这条铁路上出生的女儿垚垚。

就是这样，一条兰渝铁路，贯穿起了一个家庭三代人的故事。

夏荔原本以为，自己会陪伴女儿的成长，让她见证铁路通车的那一刻。但由于女儿的身体原因，他和妻子女儿被迫过上了异地的生活。聚少离多的代价就是女儿对父亲的不理解。如今已经三岁的女儿至今也不认识爸爸，会在夏荔和妻子视频的时候说，不要爸爸，不要爸爸。

夏荔很惭愧，自己没能做到一个父亲应该做的事情，见证女儿成长的每一步。但是夏荔相信，就像自己当初理解自己的父亲那样，自己的女儿总有一天也会理解自己，认为他是她生命中的英雄。

整整 8 年时间，1 500 人的胡麻岭隧道团队舍小家，顾大家的昼夜奋斗，就是为了让兰渝铁路的还行时间，从原来的 22 h，缩短到只有 6 h！

正是像夏荔一家三代人把努力和热血挥洒在工作中，才造就了我们祖国一个又一个伟大工程的出炉。

夏荔说，现在他有一个梦想，就是在他 31 岁生日的时候，和妻子女儿一起乘坐火车通过一次兰渝铁路。当车开过胡麻岭的时候，夏荔想大声告诉女儿，这条隧道，是她爸爸和工友们一起建设的！就像小时候，父亲坐在火车上告诉小夏荔哪条铁路是自己建设的那样。也正是在那个时候，夏荔不再因为聚少离多而误会父亲。从那时起，他深深地以父亲为荣。

图 5-6　施工人员庆祝隧道胜利贯通（张振宇 摄）

（图片来源：人民铁道网）

兰渝铁路 850 km 的里程实现了铁路历史的大跨越，创造了铁路建设又一个彪炳千秋的奇迹。它的开通运营，标志着国家骨干铁路网更加完善，新增了一条纵贯南北、连接西北至西南区域间客货并重的便捷、快速的大能力运输通道，对国家推进落实扶贫开发战略，加速"一带一路"建设具有重大意义。

（1）兰渝铁路是国家"精准扶贫线"

精准扶贫，是指针对不同贫困区域环境、不同贫困农户状况，运用科学有效程序对扶贫对象实施精确识别、精确帮扶、精确管理的治贫方式。推进精准扶贫，是缓解贫困、实现共同富裕的内在要求，也是全面实现全面小康和现代化建设的一场攻坚战。

兰渝铁路穿越了六盘山区和秦巴山区集中连片贫困地区，沿线有 13 个国家扶贫重点县，4 个省级扶贫重点县。因山大沟深、重峦叠嶂的地形结构，沿线丰富的农牧业资源、有色金属资源、煤炭矿产资源和文化旅游资源，不能得到充分开发和利用，村民苦守着"富饶的贫困"，只能"躺在金山上受穷、端着金饭碗讨饭"。2013 年，李克强总理在视察兰渝铁路施工现场时说，这条铁路是群众多年的期盼，可以为沿线几百万贫困人口打开脱贫致富的大门。

兰渝铁路开通运营后，开辟了一条由西北到西南距离最短、最便捷的运输通道，向北出新疆可直达欧洲，向南直接通到广西出海口，与新加坡、越南、菲律宾、印度尼西亚等国家建立起贸易往来的出海大通道，实现了"丝绸之路经济带"和"21 世纪海上丝绸之路"的有机衔接和联通。沿线途经的县市成为这条西北西南大动脉最大的受益者，制约经济社会发展的交通瓶颈从根本上被打破，农产品借便捷的运输通道销往世界各地，产销的距离更远，中转环节更少，农民的收入更高，发展前景更好。油橄榄，这种从国外引进种植的"洋植物"，已经在陇南白龙江两岸的河谷里广泛种植，成为当地群众的"致富树"。2016 年，陇南市油橄榄种植面积达到 50 万亩，成为我国最大的油橄榄种植基地，占全国种植面积的 60%，橄榄油产量占到全国的 93%。过去，陇南市不通火车，货车运输成本很高，当地的优质特级初榨橄榄油始终打不开销路。兰渝铁路开通了之后，以前运输很困难的橄榄油由于成本降低，销量大增，20 万贫困群众从中受益，人均增收超过 2 200 元。车轮滚滚，让大山里的百姓富了，让经济要素快速流动，也带动了扶贫的新空间、新动力……

习近平总书记在党的十九大《报告》中指出，深入开展脱贫攻坚，保证全体人民在共建共享发展中有更多获得感，不断促进人的全面发展、全体人民共同富裕。兰渝铁路正是一条名副其实的"扶贫线"，2017 年 9 月 29 日全线开通运营后，标志着沿线数百万群众搭上了新时代脱贫致富"时代快车"，疾驰在全面建成小康社会的幸福大道上。

（2）兰渝铁路是"风景名胜线"

从黄河上游南下至长江上游，一路途经陇中黄土高原、青山绿水陇南，翻越南北分水岭秦岭，过秦巴要塞广元和蜀中重镇南充，至西部新兴直辖市重庆。

沿线风景秀丽，旅游资源丰富，途经的定西、渭源、漳县、岷县、陇南等地区，共有5A级景区8处、4A级旅游景区103处。兰渝铁路开通几天后的"十一超级黄金周"，甘肃省共接待游客1 540.2万人，四川、重庆客流涨幅约10%，甘肃、四川、重庆三地的客源互送涨幅达20%左右，极大地带动了西部地区经济发展的步伐。

2018年1月18日，兰渝铁路通车仅仅半年的时间，甘肃省宕昌县官鹅沟首届冰雪旅游节隆重举行，吸引了上千名来自四面八方的客人。兰渝铁路的全线开通，旅游业成为沿线贫困地区经济发展的强大引擎，老百姓脱贫致富的步伐也不断加快。

（3）兰渝铁路是"长征精神传承线"

长征精神是中国共产党在二万五千里长征中创造的革命精神，它是中华民族百折不挠、自强不息的民族精神的最高表现，是保证我们革命和建设事业走向胜利的强大精神力量。

当年中国工农红军长征北上，途经广元、宕昌、岷县，做出了挺进陕北的重大决定，使中国革命从胜利走向胜利。兰渝铁路开通运营后，众多游客得以重走"红军长征路"，参观红军长征纪念馆，继承和发扬当年红军长征精神，不忘初心、牢记使命、继续前行。沿线途经的县市也积极响应习近平总书记倡导的"要把红色资源利用好，把红色传统发扬好，把红色基因传承好"的指示精神，充分展示红军长征精神的文化内涵，再现红军长征时那段艰苦卓绝的峥嵘岁月，忆古思今、继往开来，激励后人走好新的长征路。

（4）兰渝铁路是"国家科技线"

兰渝铁路历时8年多的艰苦施工，这条"科技线"穿越10条区域性大断裂带、87条大断层，是我国在建地质条件最复杂的山区长大干线铁路，这条线路的建成，举百家之智，属于高科技"产品"，为我国铁路建设史又增添了一条国际领先的"科技线"。

全线存在着第三系富水粉细砂层隧道群、高地应力软岩大变形隧道群、高瓦斯隧道群、岩溶突泥突水隧道群等四大高风险隧道群。其中，甘肃境内地质最为复杂，号称"地质博物馆"，尤其以胡麻岭、桃树坪、木寨岭隧道为代表的第三系富水粉细砂层地质和高地应力软岩大变形地质，施工环境复杂，施工难度极大，安全风险极高。国内外院士、专家先后38批次来现场号脉会诊、指导施工，认定兰渝铁路地质为"国内罕见、世界难题"。同时，全线最长的隧道为28.2 km的西秦岭隧道，最长的桥梁为10.9 km的白龙江3号特大桥，也在甘肃境内。8年多来，广大参建者以其卓越的智慧攻克富水粉细砂、极高地应力等世界级地质难题，取得了一批重大科技成果，树立了铁路建设新的丰碑，为我国铁路建设史谱写了辉煌篇章。全线共设省部级以上科研项目 21 项，在国家级核心刊物发表论文达 118 篇，获得国家专利 28 项。其中，西秦岭隧道采用的 TBM 皮带运输条件下同步衬砌技术是兰渝铁路项目组首创，周掘进、月掘进进度均创世界纪录；桃树坪隧道首次应用的 PST-60 水平旋喷成套设备结合超前预加固技术为国内行业首创，世界领先，其工法被评为国家级先进工法。

兰渝线建设取得了辉煌的成就，为国内外公路、铁路隧道施工提供了兰渝方案、贡献了兰渝智慧。国际、国内铁路建设领域专家、学者对兰渝技术成果给予了充分肯定，认为兰渝铁路提升了世界铁路施工技术水平，树立了我国铁路建设品牌形象，提高了中国铁路国际竞争力。这条"科技线"被业界认为是我国继青藏线之后又一铁路建设的重要里程碑。

（5）兰渝铁路是"绿色民生线"

在铁路建设过程中，全体参建人员认真践行"创新、协调、绿色、开放、共享"五大发展理念，重生态、重环保、重民生，全力解决沿线地方党委、政府和人民群众关注的"三顺"工程以及弃渣场整治、大临用地复垦等涉及人民群众利益的环水保和民生问题，用实际行动展现了企业的担当精神。

兰渝铁路的建成对改变西北与西南两大区域长期存在的运输能力紧张状况，提高区域铁路网整体效益和运输服务质量，促进沿线地区的经济社会发展和尽快脱贫致富，加快全面建成小康社会的步伐和实现中华民族伟大复兴的中国梦具有重要的意义。

5.2.3 重庆轨道交通 2 号线

1）工程概况

重庆轨道交通 2 号线起于重庆市渝中区较场口，止于重庆市巴南区鱼洞，是国家西部开发十大重点工程之一。2004 年 11 月 6 日，重庆轨道交通 2 号线一期工程较场口—新山村区段开始载客运行，这是中国西部地区开通的第一条城市轨道交通线路，也是中国第一条建成通车的跨座式单轨线路。

2005 年 6 月 18 日，重庆轨道交通 2 号线一期工程开始正式运行。2006 年 7 月 10 日，重庆轨道交通 2 号线二期工程开始正式运行。2014 年 12 月 30 日，重庆轨道交通 2 号线南延伸段新山村至鱼洞区段正式投入运营。

重庆轨道交通 2 号线因其列车在李子坝站穿楼而过闻名全国。在 2019 年 11 月中国城市轨道交通协会资源经营专业委员会"城市轨道交通物业开发示范项目（2000—2018）"

评选中，"重庆轨道交通 2 号线李子坝车站综合楼项目"从全国 2018 年 12 月 31 日前已建成运营并投入使用的众多城轨车辆段、停车场和车站上盖开发项目中脱颖而出，经过初选、复评、最终审议等环节，成功入选城市轨道交通物业开发示范项目。

李子坝车站综合楼项目开创了国内轨道交通高架车站上盖物业开发的先河。通过车站与商住楼同步设计、同步建设、同步投用，不仅节约了轨道车站结构工程费用 3 000 多万元，合理利用地形高差解决了桂花园路和李子坝正街的衔接，方便了区域市民，而且利用车站上部空间提供了约 400 户居民住房，较好地实现了低资源消耗、城市有限空间利用效益的最大化。

2）背后的故事

不忘初心，为了山城有坦途；牢记使命，勇做轨道螺丝钉。这是重庆轨道交通人共同的愿景和使命。

（1）故事一："匠人精神"成就山城坦途——黄德勇劳模创新工作室

重庆轨道集团"黄德勇劳模创新工作室"成立于 2015 年 11 月。工作室以第十三届全国技术能手获得者黄德勇命名，是国内唯一一家从事单轨车辆运营维修技术技改攻关及科研创新的研究机构。

在国内首条跨座式单轨线路——重庆轨道交通 2 号线开通运营之初，由于单轨核心技术被国外掌控，在需要对列车进行运营维护、重大技改以及疑难问题处理时常常受制于人，不仅需要运至国外，甚至还要不得不接受高额的维修费用。

为了突破国外行业技术的封锁壁垒，工作室团队坚持不断地进行技改创新。经过十余年的发展，黄德勇率领团队开展技改及创新成果 36 项，攻克技术难题 9 项，成果转化 14 项，获得专利 7 项，经核算累计为集团节省资金 5 400 余万元。其中，2 号线车辆单司机制控制模式的革新改造，将原头尾双人配合操作改造为一人驾驶操作，每年为集团节约人力成本上千万元。黄德勇将解决问题时积累下来的单轨核心技术用于国产化攻关，把当初 100% 的依赖进口，转化为如今 95% 以上的国产率，使重庆具备自主设计、研发单轨控制系统的能力，更使重庆跨座式单轨技术逐渐迈入世界先进行列。

对于这些成绩，不少人提出过疑问：从文科生到技术骨干，他是如何做到的？其实，这些成绩与黄德勇喜欢总结和思考，对工作的执着有着很大的关系。这位现代企业管理与市场营销专业的毕业生，毕业后当了一段时间的营业员。因为从小就喜欢拆解闹钟、开关、录音机等设备，锻炼了很强的动手能力。在做营业员时，黄德勇还兼职维修家电。后来又自学电工，成了一名机电设备维修员。在 2007 年进入重庆轨道集团工作后，黄德勇便一头扎进了单轨列车的世界里，勤勤恳恳，在负责列车检修的同时，还不断钻研单轨技术。为了攻克国外技术图纸，他还自学外语，以便自己能够更快更准确地看懂机器设备。

从 2007 年来到轨道集团开始，黄德勇经常会在随身携带的笔记本上手绘原理图，以此加深印象和进行更深层次的探究。一个小本本 100 多页，最初，一个月要画四五本，大概持续了两三年，画了近 200 册。当时很多单轨的技术都来自国外，只有不断研究，才会探索出更多的技术。

在努力钻研维修技术的同时，黄德勇还特别注重技艺的传承。他将自己总结出的一套"观、析、查、验"四步检修法毫无保留地传授给了同事，并且在培训教学中，把技艺经验编成业务课件，年授课超 300 课时，培训人数超过 10 000 人。他还通过师带徒培养了紧缺的单轨维修技师 12 人，高级工 60 人，带领工作室累计培养 2 个技师工班和一线熟练的检修技术人才 1 000 余人。

除了业务培训，黄德勇还十分重视在精神上给予大家鼓励。他常常用自己的"门外汉成为骨干技师"的故事，激励着同事们。"进入重庆轨道集团 11 年来，我从一名门外汉做到了骨干工人。我想说的是，无论在哪个岗位，只要靠自己的努力，在这样好的平台，你就能够得到很好的发展，脱颖而出，是金子总会发光的。"他说。

黄德勇这颗发扬工匠精神的"轨道螺丝钉"，在重庆轨道交通事业蓬勃发展中，他用不忘初心的"匠人精神"默默成就着山城的"坦途梦"，更用实际行动去完成为人民谋福祉的光荣。

图 5-7　"全国五一劳动奖章"获得者黄德勇

（图片来源：重庆市轨道交通（集团）有限公司官网）

图 5-8　黄德勇国家技能大师工作室

（图片来源：重庆市轨道交通（集团）有限公司官网）

图 5-9　黄德勇工作照

（图片来源：重庆市轨道交通（集团）有限公司官网）

（2）故事二：平凡的岗位，奋斗的青春——谁说女子不如男？

重庆轨道交通 2 号线，在这条火爆全国的轨道交通线路上，不仅有美丽的风景，还有一名年轻漂亮的女司机。她叫王念，重庆巴南人。从学校毕业后，王念怀着满腔热情进入了轨道交通行业，成为 2 号线的一名女司机。

从踏出校园的那一刻起，她就把自己最宝贵的青春奉献在了护送来来往往的乘客身上。"我很喜欢这份工作，以前觉得轨道列车司机很帅，上岗后，发现更多的是一种责任和使命，安全地把每位乘客带到他想去的目的地，就是我的使命。"王念说。驾驶单轨列车整整 7 年，她行驶了 15 万 km。

外表温柔，行事严谨的她，也收获了不少群众粉丝。"曾经有一次在站台上，有个 4 岁小男孩给我送棒棒糖，说长大以后要像我一样成为一名轨道列车司机，那认真的样子特别可爱。"王念说。虽然成为一名女司机很辛苦，但是每每收获一些肯定，就觉得自己的苦与累都是微不足道的。

图 5-10　王念工作照 1

[图片来源：重报移动传媒 3 月 9 日讯（记者徐文娟）]

如果用三个关键词来形容王念对工作的态度，那就是"热爱""坚守""奉献"。

第一，热爱工作。不到 2 m² 的驾驶室，王念待了整整 7 年，安全行驶 15 万 km。

2012 年，年仅 19 岁的王念毕业了。在校品学兼优的她，通过层层选拔，顺利进入轨道集团。"以前坐 2 号线的时候，我就很崇拜驾驶室里的轨道列车司机。觉得他们很洋气，开着列车上天入地，一直希望有一天自己也能成为那样的人，没想到真的如愿以偿。"王念说。

在正式成为一名列车司机前，王念需要接受为期 8 个月的学习培训。"这段时期对我来说，压力很大，很艰辛。一本又一本的理论书，全部都要啃下来。"王念说。学习任务重虽重，但王念从不打半点折扣。每一个理论知识，总是反复钻研。最后所有的考核，她都圆满完成。

2012 年 7 月 18 日，王念正式成为了一名轨道列车司机。作为一名女司机，她心思缜密，态度严谨，从 2012 年至今，安全行驶 15 万 km。在那个窄窄的不足 2 m² 的驾驶室里，她待了整整 7 年。"我想，第一就是因为我的热爱。因为热爱，所以能克服掉一切困难。因为热爱，所以每一次出发，都是十二分的专注，将乘客安全送到站。"王念说。

第二，坚守岗位。腰部扭伤医生建议休养 3 个月，王念拿了药一周就上岗。

坚守岗位，是王念对自己一直以来的要求。有一次，她在洗手间滑倒，腰部受伤严重。"当时痛得很厉害，不能弯腰，医生建议修养 3 个月，我没听。"王念说。滑倒后的她，去医院拍了片，买了一堆药，仅仅休息了一周，就又回到了工作岗位上。

"其实我个人觉得，不是什么大病，就只是怕自己耽误了大家，所以第一时间就回到了岗位上。"王念说，轨道列车司机排班都很满，她不愿意因为她一人，造成了大家的不便，甚至可能影响线路正常运营。

就这样，坚强的她，选择了默默承受。"在这件事过后，我被派遣到新线筹备组，在工地里住了半年左右。随着筹备组的工作逐步推进，设施设备的逐步完善，我也从新线筹备组的'新人'变成了'老人'。"王念说。她说，现在的自己更感谢当初的那些经历，才练就了自己做事果敢，吃苦耐劳的品性。

图 5-11　王念工作照 2

[图片来源：重报移动传媒 3 月 9 日讯（记者徐文娟）]

第三，乐于奉献。一年被问路上百次，只愿乘客们"开心上车、平安下车"。

热爱工作、坚守岗位，王念身上的闪光点很多。在同事眼中的她，还是个乐于奉献的好司机。

每每到站，常常会有乘客向王念问路，王念从来都是笑脸相迎，认真给乘客们解答。"几乎每一天都有人来问，什么情况的都有，从我的角度，能告诉他们的，我都乐于去帮助他们。"王念说。一年上百次的问路，她耐心地一一解答。

"乘客们开心上车、平安下车，我就心满意足了。服务好他们，是我的责任和义务。"王念说。除了对乘客们有耐心、有热心。在专业领域，王念也在一直努力鞭策自己要做得更好。

每一次外出旅游，王念都会专门去体验当地的轨道交通。"我会研究他们做得比较好的一些地方，比如有的司机，他的一些做法，我觉得是好的，就会借鉴。"做一行爱一行，在王念的不断努力下，年纪轻轻的她已经获得了国家级市级的多个技能竞赛奖项，2018年，更被中华人民共和国交通运输部评为"全国交通技术能手"。

"不忘初心，方得始终。"王念说，自己会继续在岗位上发光发热，为更多人带去正能量。

在现实生活中，像王念这样爱岗敬业的普通劳动者还有很多。正是千千万万个在平凡岗位上爱岗敬业的普通劳动者，才造就了广厦千万间，铺就了国家重点工程，装点着人们亮丽的生活。

第 6 章
国际工程
——新时代中国对外开放的新名片

导　读

本章首先追溯了我国经济发展及"一带一路"建设的发展历程，并对中国援建国际工程概况进行阐述，随后选取五个较为典型的国际工程案例进行讲解，重点讲述了项目的建设背景、项目概况、建设过程、建设难点等方面，并选取了项目建设背后的感人故事，见证中国建造的力量。

6.1 国际工程概况

中华人民共和国成立七十余年来，我国经济取得了举世瞩目的成就。中国经济实现跨越式发展，离不开基础设施建设所发挥的独特作用。七十余年来，中国在交通、能源、通信等领域的基础设施面貌发生了天翻地覆的变化，对国民经济发展的推动作用主要体现在两个方面：一是基础设施领域的大量投资，直接拉动了钢铁、水泥、建筑、装备制造等诸多产业发展，提升了经济产能，促进了技术进步，扩大了就业机会。二是不断完善的基础设施为招商引资、开办工厂和加快工业化进程提供了良好的硬件环境，保证了经济起飞所必需的基础条件。

由中国负责的国际工程是从对外援助周边友好国家开始起步。1950 年，中国开始向朝鲜和越南两国提供物资援助，从此开启了中国对外援助的序幕。1955 年万隆亚非会议后，随着对外关系的发展，中国对外援助范围从社会主义国家扩展到其他发展中国家。1956 年，中国开始向非洲国家提供援助。1964 年，中国政府宣布以平等互利、不附带条件为核心的对外经济技术援助八项原则，确立了中国开展对外援助的基本方针。1971 年 10 月，在广大发展中国家的支持下，中国恢复了在联合国的合法席位，中国同更多的发展中国家建立了经济和技术合作关系，并援建了坦赞铁路等一批重大基础设施项目。这段时期，中国克服自身困难，为支持其他发展中国家争取民族独立和发展民族经济提供了最大限度的支持，奠定了新中国与广大发展中国家长期友好合作的坚实基础。

1978 年中国实行改革开放后，同其他发展中国家的经济合作由过去单纯提供援助发展为多种形式的互利合作。中国根据国情适度调整了对外援助的规模、布局、结构和领域，进一步加强对最不发达国家的援助，更加注重提高对外援助项目的经济效益和长远效果，援助方式也变得更为灵活。为进一步巩固已建成生产性援助项目成果，中国同部分受援国开展了代管经营、租赁经营、合资经营等多种形式的技术和管理合作。一些已建成援外生产性项目通过采取上述合作模式，在改善企业经营管理和提高生产水平等方面，取得了比传统技术合作更为显著的成效。经过一系列的调整巩固，中国对外援助走上了更适合中国国情和受援国实际需求的发展道路。

20 世纪 90 年代，中国在加快从计划经济体制向社会主义市场经济体制转变的过程中，开始对对外援助进行一系列改革，重点是推动援助资金来源和方式的多样化。1993 年，中国政府利用发展中国家已偿还的部分无息贷款资金设立援外合资合作项目基金。该基金主要用于支持中国中小企业与受援国企业在生产和经营领域开展合资合作。1995 年，中国开始通过中国进出口银行向发展中国家提供具有政府援助性质的中长期低息优惠贷款，有效扩大了援外资金来源。与此同时，中国更加重视支持受援国能力建设，不断扩大援外技术培训规模，受援国官员来华培训逐渐成为援外人力资源开发合作的重要内容。2000 年，中非合作论坛成立，成为新形势下中国与非洲友好国家开展集体对话的重要平台和务实合作的有效机制。通过这一阶段的改革，中国对外援助的发展道路进一步拓宽，效果更加显著。进入新世纪以来，在经济持续快速增长、综合国力不断增强的基础上，中国对外援助资金保持快速增长。中国除通过传统双边渠道商定援助项目外，还在国际和地区层面加强了与受援国的集体磋商。2018 年，中国对外承包工程业务整体规模稳步攀升。2018 年，我国对外承包工程业务完成营业额 1 674 亿美元，新签合同额 2 353 亿美元，其中"一带一路"沿线国家新签对外承包工程项目合同 7 721 份，新签合同额 1 257.8 亿美元，占同期我国对外承包工程新签合同额的 52%，完成营业额 893.3 亿美元，占同期总额的 52.8%，同比增长 4.4%。在 2019 年第一季度我国对外承包工程完成营业额 506.1 亿美元，新签合同额 330.6 亿美元。"一带一路"对外承包工程大项目多，以基础设施建设为主，主要集中在交通运输、一般建筑和电力工程建设行业，占比 66.5%，有效改善了东道国基础设施条件，为当地创造了就业岗位 84.2 万个，惠及东道国民生。同时，对外承包工程带动我国设备材料出口近 170 亿美元，同比增长 10.4%。2019 年 1—6 月，我国企业在"一带一路"沿线国家新签对外承包工程项目合同 3 302 份，新签合同额 636.4 亿美元，占同期我国对外承包工程新签合同额的 60.1%，同比增长 33.2%，完成营业额 385.9 亿美元，占同期总额的 54.9%。2019 年 7 月，对外承包工程新签合同额在 5 000 万美元以上的项目 436 个，比去年同期增加 18 个，占新签合同总额的 83.5%。在我国企业承揽的对外承包工程项目中，基础设施建设类项目合同额 977.2 亿美元，占新签合同总额的 81%。

"一带一路"是促进共同发展、实现共同繁荣的合作共赢之路，是增进理解信任、加强全方位交流的和平友谊之路。中国政府倡议，秉持和平合作、开放包容、互学互鉴、互利共赢的理念，全方位推进务实合作，打造政治互信、经济融合、文化包容的利益共同体、命运共同体和责任共同体。随着"一带一路"建设的国际影响持续扩大，西方国家政府、多边金融机构参与"一带一路"项目的意愿也日益增强。

尽管全球经济缓慢增长、国际贸易保护主义抬头、国际工程市场总体萎缩，随着"一带一路"建设全面深入推进，沿线国家经济持续发展、基础设施和互联互通等建设规模进一步扩大。对外承包工程企业"走出去"积极性不断提高，围绕"一带一路"建设和国际产能合作加大市场投入，不少企业将促进海外业务发展上升到企业战略层面，积极进行业务转型升级，有效实现了业务持续发展，国际影响力不断提升。

6.2 典型国际工程介绍

6.2.1 坦赞铁路

1970 年，5 万多名中华儿女满怀对非洲人民的真挚情谊来到非洲，同坦桑尼亚和赞比亚人民并肩奋斗，在茫茫非洲草原上披荆斩棘，克服千难万险，用汗水和鲜血乃至生命筑成了被誉为友谊之路、自由之路的坦赞铁路。

他们中有 60 多人为此献出了宝贵生命，永远长眠在这片远离故乡的土地上。他们用生命诠释了伟大的国际主义精神，是铸就中坦、中非友谊丰碑的英雄，他们的名字和坦赞铁路一样，永远铭记在中国人民和坦赞两国人民心中。

——摘自习近平 2013 年 3 月 25 日凭吊援坦中国专家公墓时的讲话[1]

图 6-1 坦赞铁路
（图片来源：中国历史网）

---

[1] 人民网 - 人民日报 . 习近平凭吊援坦中国专家公墓［EB/OL］. 人民网 .

1）项目概况

由中国提供援助，中国、坦桑尼亚、赞比亚三国人民共同建造的坦赞铁路举世闻名，被誉为是一条帮助非洲人民实现民族独立和解放的"自由之路"、象征中非人民世代友好的"友谊之路"，是中非关系史上的一座不朽丰碑。2013 年，中国国家主席习近平访非期间专门谈及坦赞铁路，并专程前往援坦中国专家公墓凭吊，提出要弘扬坦赞铁路精神，继往开来，与时俱进，使中非友好合作取得更加丰硕的果实。中非友好源远流长，中国政府本着"量力而行、尽力而为"的原则，重点在基础设施建设领域向非洲友好国家提供了力所能及的帮助。20 世纪六七十年代，中国在自身经济还很困难的情况下，帮助坦桑尼亚和赞比亚修建了 1 860 km 的坦赞铁路，成为中国无私援助非洲的历史见证和"南南合作"的典范。

图 6-2　中国援建坦赞铁路资料图
（图片来源：央视网）

坦赞铁路是一条贯通东非和中南非的交通大干线，是东非交通动脉。东起坦桑尼亚的达累斯萨拉姆，西迄赞比亚中部的卡皮里姆波希，全长 1 860.5 km。1970 年 10 月动工兴建，1976 年 7 月全线完成。铁路沿线地形复杂，需跨越裂谷带，由中国、坦桑尼亚和赞比亚三国合作建成，为赞比亚、马拉维等内陆国家提供新的出海通道。坦赞铁路是迄今中国最大的援外成套项目之一，是中国土木工程集团有限公司的前身铁道部援外办公室代表我国政府组织、设计及建造的工程。

图 6-3　坦赞铁路路线图

（图片来源：央视网）

　　1967年9月5日，中国、坦桑尼亚、赞比亚三国政府在北京签订了"关于修建坦桑尼亚—赞比亚铁路的协定"。1968年4月12日，第一批援助坦赞铁路的中国工程勘测队乘坐"耀华"号远洋客轮从广州的黄埔港正式起航。坦赞铁路于1970年10月26日正式开工，1975年6月7日全线铺通，同年10月23日全面建成并试运营。1976年7月14日正式移交给坦、赞两国政府。坦赞铁路东起坦桑尼亚首都——达累斯萨拉姆，西至赞比亚的新卡皮里姆波希与赞比亚既有铁路接轨，全长 1 860.5 km，其中坦境 977.2 km，赞境 883.3 km，设计年运输能力为 200 万 t。

图 6-4　坦赞铁路建成仪式

（图片来源：新浪网）

　　在坦赞铁路施工建设期间，数以几十万人计的坦赞两国建设工人和各种技术人员与中国工程技术人员一道并肩奋战，并带动了坦桑尼亚和赞比亚的就业和铁路专业技术人员的培训，中国铁路专家们在坦赞铁路技术培训中心培养了坦赞两国几千人次的一大批一线专业技术人员，还多批次送坦赞两国的大学毕业生来中国留学深造，专攻铁路管理和专业技术，为坦赞铁路的正式运营培养了管理和技术骨干，发挥了极大的作用。

2013 年 3 月 25 日，中国国家主席习近平出访坦桑尼亚专程到公墓凭吊，并深情指出："要弘扬坦赞铁路精神，精心珍惜和呵护中非传统友谊这份宝贵财富，继往开来，与时俱进，使中非友好合作这棵参天大树更加枝繁叶茂，结出更加丰硕的果实。""同发展、共命运、爱无疆、勇担当"的坦赞铁路精神，成为中国企业走向非洲最宝贵的精神财富。[1]

图 6-5　中国公共外交协会代表团赴坦赞铁路中

国专家公墓祭扫

（图片来源：新浪网）

2）背景与难点

在非洲民族解放运动的浪潮中，1964 年，坦桑尼亚和赞比亚相继独立，它们迫切需要经济上的独立来支持政治上的独立。赞比亚是一个内陆国家，作为当时世界上的第三大铜矿产地，却苦于没有出海口而使得铜矿贸易大大受限，需要一条通往坦桑尼亚出海口的交通命脉。坦赞政府曾一起向世界银行申请援建坦赞铁路，但被婉拒；坦桑尼亚副总统卡瓦瓦访问苏联时，请求苏联政府帮助修建铁路，再度遭拒绝。

当时中国首要目标是获得亚非国家的政治支持，打破外交孤立。在这样的背景下，援建坦赞铁路是一个正确的决定。坦赞铁路跨越的不仅仅是东非大裂谷带，还有一段长达近 40 年的历史。

它和沿途修建的 320 座桥梁，22 条隧道、93 个车站，以及长眠在坦赞大地的 64 位中国工人，共同构筑了新中国 70 年历史中一个独特的符号。它是新中国早期对外援助的典

［1］人民网 - 人民日报 . 习近平凭吊援坦中国专家公墓［EB/OL］. 人民网 .

范和缩影，它是中国外交中的一笔无形资产，它甚至被看作中国与非洲甚至中国与整个第三世界"兄弟情谊"的丰碑。坦赞铁路修筑的难度非常大，美国专家甚至认为这条路不可能修得起来。铁路的高原区海拔近两千米，九成以上为杳无人烟地带，亦为蚊虫散布疟疾、黄热病之地。加上食品短缺、气候炎热、缺医少药，因此坦赞铁路的修建是在极为艰苦的条件下进行的。工程共耗费约 5 亿美元。该铁路为单线，轨距 1.067 m，铺设 45 km/h 钢轨，设计最大坡度为 10% 和 20%，最小曲线半径 200 m，全线有隧道 22 座和桥梁 318 座。铁路局总部设在达累斯萨拉姆，坦境和赞境各设一个分局。全线共建有车站 93 个并配备有机车车辆、2 座机车车辆修理工厂、技术培训学校、各类场段、职工住宅等全套设施和设备。

坦赞铁路跨越东非大裂谷带，以及各种复杂地形给勘测工作带来巨大挑战。为此，中方派出 500 人的勘探设计队对坦赞铁路全线进行前期的勘探设计工作，即便是这样一个规模的队伍，国外不少铁路专家也认为，没有 5 年时间全部的勘察设计任务是无法完成的。但中国的技术人员却只用了 22 个月的时间就结束了首场硬仗。以往都是在项目地做测量，拿到国内做设计，后来为了赶进度，设计工作调整为一部分在国外做，一部分在国内做，分段同时进行，截至 1970 年上半年，顺利完成勘测工作。

3）背后的故事及意义

（1）轨道上的跨国情谊

走过十年，走过半个世纪，坦赞铁路依然像盒带的磁条，记录着青春奉献、跨国情谊的轨迹。在这三条路上，有人苦苦寻找着熟悉的面孔，有人成为他人铭记半生的朋友，而他们都在中国援建中相遇交汇，在这三条路上，三个温暖人心的故事发生了，从起点到现在，依然清晰鲜活。一条铁路一张照片，承载坦桑尼亚老人对中国好友 48 年的思念。

1970 年，中国援建者在非洲崇山峻岭之间，历时六年建成了坦赞铁路。随着这条铁路的建设，坦桑尼亚的小穆和中国的老杨结下了深厚的友谊。小穆名叫 Benedict Mkanyago，时隔近半个世纪，当年的小穆已经是老穆了，最念念不忘的就是老杨。他不远万里来到《等着我》节目现场，看着手里那张泛黄的照片，说："老杨，我想你！"

48 年前的情景，他历历在目。17 岁那年，小穆高中毕业后在一家建筑公司做会计，听说中国人来援建铁路立马前去应聘。那时候是一个中国人带一个坦桑尼亚人来开展工作。也是在那时，小穆和老杨结下了不解之缘。负责会计和采购工作的两人，每天几乎形影不离。荒草地上用布搭的帐篷就是他们的办公室，里面只放了一张桌子、两把板凳。老杨教小穆用算盘算数、背乘法口诀，提高了不少工作效率。节目现场老穆回忆起当年学珠算的场景，依然感觉十分神奇，他清晰地记得老杨教给他的算盘用法，示范一番之后还特别帅气地甩算盘、拨算珠。

工作之余，老杨也会带小穆去看中国电影，给他翻译讲解更多的电影情节。小穆最喜欢看的两部电影就是《铁道卫士》和《英雄儿女》。在非洲高原上修铁路，施工环境十分恶劣，当地基础设施不完善，地面崎岖不平路段难行。小穆生病时，老杨送他到离工地很远的医院，找到中国医生来为他医治，还经常带着煮好的饭菜去看望他，有时候一天来回好几趟。看小穆经常喝生水，老杨更是专门为他准备了一个绿色的军用水壶，里面装满热水；晚上的时候给他挂蚊帐，防止蚊虫叮咬。

有一次，老杨拿来相机教小穆怎么使用，第二天，小穆就用相机拍下第一张照片，就是他保存多年的老杨的照片。在援建工程结束的前一年，老杨还鼓励小穆参加培训，争取留在铁路车站工作。曾经被认为不可思议的坦赞铁路在 1976 年如期通车，尽管施工过程中遭遇过暴雨、凶猛的野生动物也随时出现，中国援建者从未退缩。经过培训，小穆终于学成归来，趁着放假迫不及待想要见老杨一面，给他看自己拍的照片，谁知老杨已经回到了中国，他们就此断了联系。但四十多年来，他对老杨的想念从未停止。他说，"不管是哪个国家，朋友就是朋友。"当"希望之门"打开，熟悉的身影并未出现，老杨已经过世，而他的女儿则带来了爸爸珍藏多年的照片，和老穆手中拿着的那张一模一样，老穆忍不住掩面痛哭。而当年风华正茂的部分中国援建者也来到现场，与老穆一一相拥。原来，老穆曾经吃过王纯德老人煮的饭菜，也在高贵文老人所在的医疗队看过病，还看过马雷老人放映的电影。当和他们坐在一起时，老穆感受到久违的温暖与幸福。

图 6-6 中国援建坦赞铁路资料图

（图片来源：新浪网）

（2）坦赞铁路精神如何炼成

学英语专业的杜坚说，做梦也不会想到自己的职业生涯竟然是从遥远的非洲、从坦赞铁路开始的。"铁道部援外办公室从 5 个外语院校选了 48 个毕业生。1968 年 12 月 9 日，用大卡车把我们拉到铁道部第三工程局第四工程处第三工程队。"

在经历了半年短暂的隧道施工劳动后，1969年6月杜坚作为坦赞铁路的翻译，随队踏上了非洲。杜坚说，自己这辈子都不会忘记这段历久之旅。"48人中我和一个斯瓦希里语的翻译是最先出国的，陪着队长靳辉还有中科院派去的地震考察组三个专家走的。第一次坐飞机经过缅甸仰光再到卡拉奇，才到了坦桑尼亚。当时（其他人）99%的人都坐轮船，当时弄了5条远洋轮，最快12天，最慢21天到。"

第一次出国的杜坚和同事们还没来得及好好感受非洲的风情，就被分到了坦赞铁路的沿线工地。"当时有从国内运去的大巴拉着大家在坦桑尼亚达累斯萨拉姆市里面转两圈，有规定不让到市里逛，然后拉到铁路接待站上3天学习班，学习班里讲修建坦赞铁路的意义、讲当地的规章等。学习班学习之后分配到铁路的沿线，铁路修建最高峰时有1.6万人，高峰时在公路上走随时都可以遇到中国人。"

比杜坚晚几个月去非洲的杨德瑞远没有那么幸运，晕船的他坐了二十几天的客轮才抵达赞比亚。终于上岸了的杨德瑞说，眼前出现的工地让他感到措手不及。"工地是一个帐篷，4个人一间，一个行军床，一顶蚊帐，一套行李。驻地就是在公路边上帐篷一围，砍两个树枝弄个横梁就是门。刚开始时工地很简单，一个小发电机，一个小锅炉。"

中土集团原副总经理杨德瑞一直担任坦赞铁路的勘察设计工作，他说"以前都是外国做测量，拿到国内做设计，后来为了赶进度，一部分在国外做，一部分在国内做，分段同时进行，到1970年上半年，我们把这个工作完成了。我勘测的那段还算好，其他人遇到了野牛还有蚊子。"

正是根据杨德瑞等技术人员的勘察结果，勘察组提出了修建坦赞铁路的可行性报告，1970年10月26日坦赞铁路正式开工。整个工程由东向西推进，先坦（坦桑尼亚）后赞（赞比亚），将全线分为5大区段，分段施工。杜坚说，施工中大部分所需材料都是从中国运送过去的。"钢轨、钢筋全部是运过去的，水泥一部分是当地买的，大部分是运过去的，设备都是运过去的。我们在那搞了一个混凝土制品厂，生产轨枕、电线杆和隧道桥涵。"

随着工程的推进，越来越多的当地人加入了施工队伍中，翻译成了稀缺人才，为了能有效沟通成，杜坚说，一种专属于坦赞铁路沿线上的语言应运而生。"一个大队下面几十个分队，坦赞铁路上最多时有100~200个翻译，但还是不够，后来发明了一种坦赞铁路语言，中国话＋当地话＋比划。这造就了很多土翻译，很多技术人员都开始学当地语言。领工员早上一起来，一说'坦赞铁路语'，大家都懂，都去干活。"

回顾过往，当年的建设者不无感慨地说，生活单调、物资供应匮乏、自然条件恶劣他都能克服，唯有对亲人的思念是最无法排解的。"那时两年才能回一次国，没有电话，靠写信。比如在北京要把信先邮寄到外交部的信使队，然后把信一月一次带到各使馆，使馆再送到各个点上去。收到信之后赶紧看，再写回信就一个月了。如果在外地 3~4 个月才能通一次信，每次来信的日子都是非常重要的日子，大家早早收工，这时也是思想波动最大的时候，收到信的很高兴，没收到信的就垂头丧气，情绪 2~3 天都恢复不过来。"

坦赞铁路是新中国早期对外援助的典范，更是中非友谊的一座丰碑。中国铁建中土集团（原铁道部援外办公室）先后派出 5.6 万人次工程技术和管理人员远赴异国他乡，克服恶劣的自然环境和重重生产生活困难，用智慧、汗水甚至生命，铸就起这条象征着"中非友谊"的钢铁大道。

坦赞铁路建成后，成为把坦赞两国连接在一起的一条主要交通干线，为赞比亚出口提供了一条新的、可靠的出海通道，打破了当时南非种族主义政权的封锁，保证了赞比亚的主要收入来源。40 多年来，坦赞铁路促进了坦赞两国经济发展和城乡物资交流。铁路沿线涌现了不少新兴城镇，成为各地区政治、经济、文化中心。同时，这条铁路也为支援南部非洲的民族解放斗争发挥了积极作用。

尼雷尔高度评价说：中国援建坦赞铁路是"对非洲人民的伟大贡献""历史上外国人在非洲修建铁路，都是为掠夺非洲的财富，而中国人相反，是为了帮助我们发展民族经济。"卡翁达总统赞扬说："患难知真友，当我们面临最困难的时刻，是中国援助了我们。"坦赞两国人民乃至整个非洲把坦赞铁路誉为"自由之路""南南合作的典范"。

坦赞铁路精神，是一种相互尊重的平等精神。中非双方都曾饱受殖民主义、帝国主义的侵略和压迫，都格外珍视主权独立和民族平等，都痛恨并反对以强凌弱的霸权主义行径。可以说，中非关系从一开始就建立在双方完全平等的基础上。坦赞铁路的建设过程，正是中非双方相互尊重、平等相待的真实写照。毛泽东、刘少奇、周恩来等中国老一辈领导人多次向坦桑尼亚和赞比亚领导人强调，坦赞铁路的主权完全属于你们，中方的任何援助和贷款，都没有特权和政治条件。在铁路建设过程中，中国援建人员同当地工人一道用餐，一起劳动，没有任何特殊待遇，三国合作严格建立在相互尊重对方的经济和社会制度、互不干涉内政的基础上。正如坦桑尼亚前总统尼雷尔在坦赞铁路移交仪式上所说，中国从未干涉过坦赞两国的政治和经济政策，一切都是在平等者之间进行的。事实证明，坦赞铁路完全不像某些西方舆论预言的那样，成为所谓中国控制坦赞两国的工具。相反，它成为非洲国家能够自主决定自身命运的标志，成为中非人民平等相待的证明。

坦赞铁路精神，是一种顽强奋斗的拼搏精神。坦赞铁路是一项宏伟而又艰巨的工程，技术要求复杂，施工条件恶劣。一些人认为中坦赞三国仅凭自己的力量修建坦赞铁路是天方夜谭。然而，三国政府和人民以坚定的信念、非凡的毅力、顽强的拼搏，逢山开路、遇水架桥，仅用不到 6 年的时间就建成了殖民主义者谈论了几十年的坦赞铁路。有 160 多位建设者为此献出了宝贵生命，其中 60 多位是中国援建人员。近半个世纪过去了，坦赞铁路经受住了历史的考验。联合国曾组织专门小组考察坦赞铁路，将其称为非洲最好的铁路。1998年坦桑尼亚遭受特大洪水袭击，有的铁路被冲垮了，坦赞铁路却岿然不动。由于坦赞铁路运营的内外环境同过去相比有了很大变化，铁路当前面临这样那样经营上的困难。我们有决心、有信心同坦赞两国一道，通过平等友好协商，找到从根本上解决问题的办法，重新激活坦赞铁路，将昔日的"自由之路""友谊之路"建设成为新时期的"发展之路""繁荣之路"，继续助推非洲发展振兴。

坦赞铁路精神，是一种无私奉献的国际主义精神。20世纪六七十年代，中国在人均GDP只有100美元、经济十分困难的情况下，毅然决定援建坦赞铁路。中方这么做是因为我们视非洲人民为真诚的朋友，愿为非洲民族独立尽自己的一份力量。正如周恩来总理所指出的，我们要有气概帮助非洲兄弟建设，我们是国际主义者。在坦赞铁路精神的激励鼓舞下，中坦赞三国建设者亲如一家、不分彼此，共同谱写了中非团结合作的壮丽篇章。赞比亚前总统卡翁达动情地宣告，坦赞人民同中国人民已经胜利地团结在一起，没有任何人、任何国家能将我们分开。2013年，中国国家主席习近平首次出访就来到非洲，并且鲜明提出要坚持正确义利观，对不发达国家给予力所能及的帮助，需要的时候还要重义轻利、舍利取义，这正是坦赞铁路精神在新时期的发扬光大。

当前，中非双方都处于发展的关键时期。中国也在为实现"两个一百年"奋斗目标、为实现中华民族伟大复兴的中国梦而不懈努力。中非之间的共同利益更加深厚，合作基础更加牢固，合作前景更加广阔。新形势下，我们将继承坦赞铁路精神并赋予其新的时代内涵，同非洲朋友携手打造中非命运共同体，为中非合作注入强劲动力。

6.2.2 亚吉铁路

1）项目概况

亚吉铁路是由中国铁建中土集团建设的非洲首条电气化铁路——亚吉铁路（亚的斯亚贝巴—吉布提）。这条铁路连接着埃塞俄比亚和吉布提两国首都，采用全套中国标准建设，是继坦赞铁路之后中国在非洲修建的又一条跨国铁路，被当地百姓称为友谊之路、民生之路、繁荣之路。在埃塞俄比亚，一提起亚吉铁路，民众都会情不自禁地竖起大拇指称赞："中国，好样的！"。亚吉铁路是非洲大陆第一条跨国电气化铁路和最长距离的电气化铁路，也是中国在非洲建设的第一条集技术标准、设备、融资、施工、监理、运营和管理于一体的全产业链"中国标准"电气化铁路，亚吉铁路全长752.7 km，连接着埃塞俄比亚和吉布提两国首都，设计时速120 km，总合同金额约40亿美元，由中国中铁和中国铁建中土集团分段实施EPC总承包。从2014年5月铁路正式铺轨以来，2015年6月，吉布提段实现全线铺通，用时仅13个月，工程交工验收合格率100%。截至2018年底，该铁路已累计运送旅客近 13 万人次，它的开通让埃塞俄比亚至吉布提的陆路交通周转时间从原来的一周缩短到十几个小时，为旅客出行和货物运输提供了极大便利。

　　亚吉铁路的建成通车是埃塞俄比亚和吉布提发展史上的一个重要里程碑，也是落实习近平主席在中非合作论坛约翰内斯堡峰会提出的中非"十大合作"计划的重要早期收获，还是中非"三网一化"合作和中非产能合作的标志性工程。该铁路建成通车，极大促进产业园区和重大项目在铁路沿线的布局，打造重要的经济带，为埃吉两国的经济社会发展注入强大动力。

图 6-7　亚吉铁路线路图

（图片来源：人民画报网）

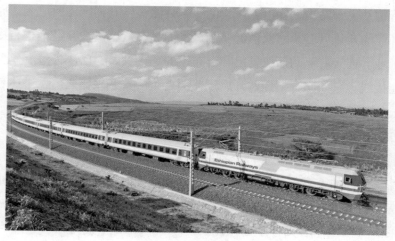

图 6-8　亚吉铁路

（图片来源：新华网）

2）背景与难点

埃塞俄比亚和吉布提曾位列非洲最早拥有铁路的国家。然而，由于年久失修，早在20世纪末，两国间的百年法国米轨就降速到每小时15 km，不少站段废弃。往来两国首都，除了飞机，只能依靠一条常年堵车的两车道公路。作为农业为主、依赖进出口贸易的内陆国家，没有一条国际出海大通道，严重影响着埃塞俄比亚的经济发展与民生改善。而仅有2.3万 km² 的吉布提，自给能力极低，却地处红海、亚丁湾中节点，扼国际战略通道——苏伊士运河，修建一条运力大、速度快的跨境铁路迫在眉睫。

新世纪之初，埃塞俄比亚交通部向长期深耕非洲市场的中国铁建中土公司抛出橄榄枝，希望其为该国提供铁路规划建设方案。拿到方案后，埃塞俄比亚政府又特意聘请了瑞士、澳大利亚铁路工程咨询公司进行论证。可专家们一致认为，在基础设施落后、电力输送与基建材料供应掣肘的国家，建设一条电气化铁路是"绝不可能完成的任务"。

"关键时刻，还是'中国智慧'让'不可能'变为'可能'。""我们结合两国实际对铁路设计进行了调整，实现了'中国标准'的本土化，能更好地适应当地国情，也能保证工程合理盈利。"亚吉铁路项目设计单位之一、中国铁建第四勘察设计院国际事业部总工程师余兴如是说。针对吉布提电力供应困难，"中国方案"提出了接触网取电主用、柴油发电机备用的区间直放站供电模式，大幅缓解了电网运营压力。针对亚吉铁路的特殊地质条件，特别是斜穿东非大裂谷的100 km火山地貌和断裂带拉张裂缝，中铁二院的勘察设计队伍特别设计了绕避和填埋方案，保证线路"百年无忧"。在有着"沸腾的蒸锅"之称的吉布提，项目施工的最大挑战则是高温下的短工期。据中国铁建中土吉布提公司总经理杨健介绍，由于埃塞俄比亚政府提议吉布提段与埃塞段同时通车，使较晚签约的吉布提铁路工期由60个月缩短到25个月。面对资源极度匮乏、设备与劳动力极其短缺，中非建设者咬紧牙关，一年完成线下工程，4个月完成轨道铺架，5个月完成"四电工程"。

海上的货物从火车站出发，沿着长长的亚吉铁路，爬升到阿比西尼亚高原，运送到埃塞俄比亚首都亚的斯亚贝巴。埃塞俄比亚制造的商品又从这条铁路运至吉布提港，通过海运销往世界各地。连接着亚的斯亚贝巴和吉布提的亚吉铁路，已成为海上丝绸之路与陆上丝绸之路的连接线。它如同一把钥匙开启了非洲之角的繁荣兴盛之门，讲述着丝绸之路的新故事。

3）背后的故事及意义

（1）"探险家"徐州：我在非洲修铁路

亚吉铁路是非洲的第一条电气化铁路，被誉为"新时期的坦赞铁路"。由于项目部沿线地理环境特殊，使得沿线找不到符合标准的常规填料。因地制宜找填料，成为项目党政领导心目中的头等大事。总工程师徐州主动请缨，组建了由他为组长、11名党员群众参与的"党员科技攻坚小组"，在当地向导的带领下，带上试验仪器，头顶非洲高原的炎炎烈日，每天徒步十几 km，对沿线土源进行取样、分析，半个月下来，走完铁路沿线 100 多 km，脚磨破了皮，手搓出了茧。经过上千次的配比实验，终于成功攻克"火山灰"技术，不仅解决了填料匮乏的难题，节约了巨额的工程建设成本，还为埃塞俄比亚找到了一种可以广泛应用的施工技术和材料，为当地未来的建设发展拓展了资源。"火山灰"技术让徐州一战成名，由他名字命名的"徐州劳模创新工作室"同时被命名为四川省第三批"劳模（职工技能人才）创新工作室"、中国中铁首批"劳模（专家型职工）创新工作室"，央视新闻《焦点访谈》和《华人世界》两大栏目将镜头对准了徐州，称其为"'新时期坦赞铁路'上的中国工程师"，打响了中铁制造在海外的响亮名号。

图 6-9　工程师徐州与当地青年

（图片来源：一带一路网）

（2）关键时刻中国朋友挺身而出

亚吉铁路不仅具有重要的经济意义，亚吉铁路还承担了运送救灾粮、撤侨等重大任务。2018 年 8 月，吉布提局部地区局势不稳，埃塞俄比亚政府决定撤回部分在吉侨民。从 8 月 9 日接到任务到 8 月 16 日完成任务，短短 8 天的紧张工作令亚吉铁路联营体公司车务段技术员李工终生难忘。李工告诉记者，原本以为只是简单运送侨民，但每个侨民都带了全部家当，远远超出了火车运载能力。

经过反复沟通，侨民们终于同意放弃行李，但更大的困难随后出现，在 40 ℃以上的高温下，有旅客出现腹泻呕吐，还有旅客突然晕倒。经专业医护人员诊断证实，车内少数旅客感染霍乱。这个消息引起了人们的恐慌，当地乘务人员要求列车停止工作。亚吉铁路联营体公司物质生活供应段副段长陈献民说："虽然感染霍乱会危及生命，但关键时刻容不得我们考虑太多，本能反应就是坚持完成运输任务。"

戴着口罩，来来回回往返于车头车尾，给侨民发水发食物、对列车出现的问题认真分析，与同事一起积极寻求解决方案。就在一列火车里，李工和同事们一天走的步数就高达 4 万多步。"那时我们对每趟列车需要注意的问题、重点乘客都了如指掌，付出的每一分努力都很有意义。"

功夫不负有心人。亚吉铁路顺利完成撤侨任务，往返12趟、实际撤侨6742人，很多工作人员三天三夜没有睡过完整觉。车上的侨民被中方人员的敬业精神深深感动，有的人到站后依然拉着工作人员的手不愿离去。埃塞俄比亚外交部部长沃尔基内多次表示："亚吉铁路在关键时刻发挥了重要作用，感谢中国朋友挺身而出！"

图 6-10　亚吉铁路乘客

（图片来源：一带一路网）

（3）中国小伙和埃塞俄比亚姑娘结良缘

"一带一路"建设见证了许多项目的开花结果，亚吉铁路也是其中不可或缺的一个重点项目，它承载着许多希望，也承载着许多未来的梦。在亚吉铁路建设的过程中，还有人在这里收获了一生的幸福，比如供职于中铁二局新运公司亚吉铁路项目的陈浩和他的埃塞俄比亚妻子凯蒂丝。

图 6-11　供职于中铁二局亚吉铁路项目的陈浩和他的妻子凯蒂丝

（图片来源：国际在线网）

陈浩是一位热血男儿，2014 年刚毕业时，他就有出去闯一闯的理想。这时，中铁二局亚吉铁路 EPC 建设项目正好招聘翻译，陈浩抓住了这个工作机会，成为了亚吉铁路建设者的一员。来到埃塞俄比亚不久，陈浩就参与了众多的工程项目：中铁二局新运公司埃塞项目阿达玛砟场、门猫撒作业场、米埃索工区，同时他还在中铁亚的斯亚贝巴轻轨运营项目留下了印迹。其间，他主要从事翻译、当地劳工管理、物资采购以及与政府机构的外联等工作。

对于在埃塞俄比亚的外派生活，起初陈浩有些孤独和难以适应，但是，很快他经历的一些事情，让他感觉到了埃塞俄比亚人的友好和热情，孤独感渐渐消失，他融入了当地的生活。

有一次，陈浩乘坐项目上的车辆外出办事，汽车奔驰在阿达玛到阿瓦什的高速公路上，中途车子抛锚，由于缺少随车维修工具，加之地处偏僻，很难找到修理工。就在为难之际，一辆路过的当地汽车停了下来，过路司机主动问他们是否有维修工具，并问是否需要帮助。最终，在过路司机的帮助下，陈浩的汽车被修好。此外，由于当地采购市场十分拥挤，和陈浩一起出去采购的当地汽车司机停好车后，常常主动打下手，陪他一起完成采购任务。这些生活中的点滴小事，让陈浩对埃塞俄比亚的生活有了归属感。

2015 年的一天，陈浩从驻地到埃塞俄比亚首都亚的斯亚贝巴办事。中午时分，陈浩去一家当地餐厅吃饭。当时，埃塞俄比亚姑娘凯蒂丝也在同一家餐厅，见到陈浩，她主动打了招呼。凯蒂丝告诉陈浩，她的姐姐 2012 年就嫁到了中国，过着幸福的生活，她从姐姐身上了解了中国，她对中国充满了向往。那天，陈浩和凯蒂丝聊得很投机，互生好感。

2016 年，凯蒂丝去中国看望姐姐，在中国待了 3 个月，在这段时间她萌生了到中国留学的想法。功夫不负有心人，凯蒂丝通过自身的努力，以优秀的学业表现获得了中国政府奖学金。2016 年 9 月，凯蒂丝满怀激动的心情，来到成都电子科技大学攻读计算机专业研究生。两年的学习时间，凯蒂丝接触到了中国优秀的传统文化，认识了许多友好的中国朋友，看到了中国经济的良好发展和稳定的社会环境。

凯蒂丝在中国留学期间，陈浩在亚吉铁路上班，两个人经受住了跨国异地恋的艰苦考验，最终走到了一起。在他们恋爱期间，陈浩的父母刚开始心里充满疑虑，担心沟通问题，也担心埃塞俄比亚文化、习俗会和中国的传统相冲突。但是与凯蒂丝相见后，二老的疑虑消失了。凯蒂丝长得很漂亮，对家长也很有礼貌，并且对中国文化有很强的认同感，陈浩的父母瞬间消除了顾虑，很快就接受了这个未来的儿媳妇。而凯蒂丝的姐姐之前就嫁到了中国，她的父母对中国比较了解，因此凯蒂丝的父母对陈浩这个中国女婿也是非常满意。之后不久，相爱的两个年轻人在中国登记结婚，成就了一段中埃爱情佳话。

图 6-12　陈浩和他的妻子凯蒂丝

（图片来源：国际在线网）

（4）"共赢之路"——边修路，边打井助学，还为当地创造就业岗位约 4.8 万个

要想富，先修路，海外修路还得先探民众心路。亚吉铁路还在钻探时，时任埃塞米埃索—达瓦利区段项目经理、现为中国铁建中土埃塞公司总经理的李吾良就被吓了一跳，沿线放羊放牛的索马里族人居然肩扛 AK47 步枪，而且当地村庄对外人进入特别敏感警觉。

"和谐的社区关系是保障，亚吉铁路要想顺利实施，先得和当地居民交朋友，尊重他们的基本诉求。"李吾良到达项目部的第一件事，就是带领管理人员拜会当地伊萨族的大土皇和沿线所有主要村庄的酋长、长老，倾听呼声。

不仅是李吾良所在的项目部，从勘测阶段开始，亚吉铁路的所有项目部就融入当地社区：城市停电断水，项目部组织水车为居民昼夜拉水保生活；2015 年埃塞俄比亚大旱，用工程车为埃塞俄比亚政府抢运国际社会捐赠的救灾粮食 8 万多吨……短短几年里，铁路沿线的主要村庄就通上了公路，增添了水井，小学里有了新教具，政府的预防艾滋病培训也有了资金保障。

热心公益赢得民心，为当地创造就业岗位约 4.8 万个，更让亚吉铁路尚未开通就成了当地最大的民生工程。"有了这份工作，我养四个孩子就绰绰有余了。"亚吉铁路德雷瓦尔梁枕厂安置配筋工序组组长塔克鲁·古鲁马，在梁枕厂工作的两年里，收入翻了倍，还买了房子。"梁枕厂 77 万根轨枕陆续下线，我们也迎来了第一批铁路技术工人。学到了手艺，今后找工作都用得上！"

亚吉铁路后人们不禁感叹，在法国人一百年前修建的埃塞俄比亚首条铁路 2016 年被中国铁路替代后，埃塞俄比亚列车真正驶入了"中国时代"。

6.2.3　中老铁路

1）项目概况

中老铁路是第一个以中方为主投资建设并运营，与中国铁路网直接连通的境外铁路项目，成为继印度尼西亚雅万高铁之后，第二条在海外全面采用中国标准、中国技术和中国装备的高铁建设项目。中老铁路是中国与老挝之间通行的一条铁路，是泛亚铁路中线的重要组成部分，北起中国云南省玉溪市，经普洱市、西双版纳、中老边境口岸磨憨，经老挝著名旅游胜地琅勃拉邦至老挝首都万象，线路全长 414 km，其中桥梁长度近 62 km，隧道长度近 198 km。中老政府已商定，两国政府共同出资总投资的 40%。其中，中国政府出资 70%、老挝政府出资 30%，余下的 60% 由中老两国国有企业共同投资。据不完全统计，目前中老铁路全线建设已经累计聘用老挝工人 3.2 万多人次。

中老铁路于 2016 年 12 月全线开工，2017 年年中进入全面施工状态，2018 年 11 月，中老铁路贯通首个超千米隧道；2019 年 1 月 19 日，中老铁路一标那通站双线特大桥连续梁成功合龙；2 月 9 日，中老铁路全线最长桥梁楠科内河特大桥开始架梁施工。截至 2019 年 2 月，路基、桥梁工程计划完成已招标工程 95%，隧道工程完成已招标工程 90%。由中国中铁五局负责施工的中老铁路磨丁隧道 2019 年 3 月 21 日胜利贯通。中老铁路计划于 2021 年 12 月全面建成通车。

2）背景与难点

在中南半岛的六个国家中，老挝是一个特殊的存在。它被中国、缅甸、泰国、越南、柬埔寨包裹在中间，既多山又缺路，交通可以用"极度不发达"来形容。怎样将内陆国的劣势转变成优势？那就是把自己变成陆上各国的交通枢纽。特别是近年来，中国与东盟交往不断加深，老挝完全可以成为地区互联互通的关键节点。怎么联？其中一条"钥匙"正是北起中老边境磨憨 / 磨丁口岸，南至万象的中老铁路。对中国而言，中老铁路不通，中泰铁路就无从谈起，从中老起步，到泰国再到新加坡，建设整个东南亚铁路网的目标才有可能实现；对老挝而言，中老铁路打开了目前困局，不但联通内外，还能够带来猛增的贸易量、投资以及就业，在老挝国家"八五"规划中，中老铁路被列为国家 1 号重点项目。

从 2010 年 4 月，中老两国第一次就合资建设、共同经营中老铁路达成共识，到 2016 年 12 月正式开工建设，中老铁路项目历经 6 年一波三折，中途数度变故。

首先是实施模式谈判，一谈就是 5 年，先后经历了 PPP/BOT 模式、EPC 模式、合资模式等三种不同模式谈判，最终在 2015 年敲定，项目总投资约 374 亿元人民币，中老双方按 7 ：3 的股比合资进行建设。

2015 年 11 月，在解决了合作模式问题后，中老两国政府正式签署《关于铁路基础设施合作开发和中老铁路项目的协定》，中老铁路项目终于正式落地。

随后的一年，先是花了 9 个月完成了项目商务谈判及招标投标。6 个标段的 6 家中标企业均为中国企业，中老铁路成为继印度尼西亚雅万高铁之后，第二条在海外全面采用中国标准、中国技术和中国装备的高铁建设项目。

图 6-13　中老铁路部分路段图

（图片来源：人民网）

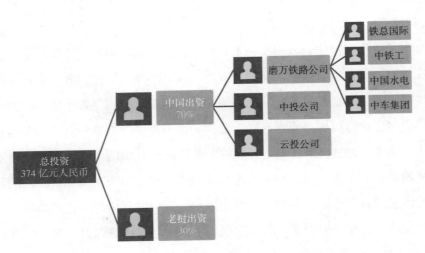

图 6-14　中老铁路投资示意图

（资料来源：中国中铁报中国一带一路网制图，图片来源：一带一路网）

随后开展的是沿线的征地和补偿工作。2016 年底，统计工作基本完成，中老铁路沿线需要永久用地约 3 000 hm，临时用地 800 hm，有 4 411 户家庭受到铁路项目建设的影响。不过，截至 2018 年 3 月初，最终的补偿方案和细节尚待老挝政府审批，补偿工作尚未启动。2016 年底，各项准备工作完成后，12 月 25 日，中老铁路宣布全线施工开始。

这条铁路北起中老边境磨憨 / 磨丁，南至老挝首都万象，途经孟塞、琅勃拉邦、万荣等主要城市，在老挝境内的长度是 409 km，与国内宝兰铁路总里程（400.570 km）相近。相似的多山地形，几乎同样的里程，同样多的隧道，同样长的施工时间，但中老铁路面临更差的地质环境，增加了更多桥梁，节约了更多投资，中国建设者可谓用心良苦。

表 6-1 相关铁路建设基本信息

铁路	总里程 /km	总投资 /亿元	桥梁数目 /座	隧道数目 /条	桥隧比 /%	运营时速 /（km·h⁻¹）	施工时间 /年
宝兰高铁	400	646.92	100	74	93.37	250	5（已通车）
中老高铁	409	374	170	72	63	160	5

数据来源：人民日报。

在时速的敲定上，中老双方还经历过一点风波。中老铁路最初设计是速度 200 km/h，后因沿途多为山区和丘陵地带，中国铁路专家建议减至 160 km/h，货物运输的速度更被限制在 120 km/h。老挝许多官员觉得不满意，认为既然要修就一步到位，这些意见甚至成为工程停滞的原因之一。但出于投资、安全和管理等多方面的考虑，中国的铁路专家仍然坚持了意见，并最终说服了老挝官员。

老挝的施工条件究竟有多差呢？

① 地质条件恶劣。中老铁路沿线 80% 为山地和高原，地形起伏大，数条规模巨大的断裂或板块缝合线从区内通过，区域岩体破碎，为 7 度地震区。

② 气象条件有限。老挝属热带雨林气候，一年就两个天气，下雨或者不下雨。从 4 到 10 月，整整半年都在下雨，洪水、滑坡、崩塌随时随地可能发生。

③ 环保要求高。途径的琅勃拉邦是世界文化遗产……

④ 未燃炸弹威胁。20 世纪 60 至 70 年代期间，美国留在老挝境内还有将近 1 亿枚集束炸弹还没有爆炸。老挝国防部门专门成立 6 个清除单位，从 2017 年 1 月拆到 5 月，总算把铁路沿线未爆炸弹拆干净了。

⑤ 无人区。中老铁路要经历两次无人区，一次是到班莎诺前的一段，一次是从琅勃拉邦出来到孟卡西设展。无人区意味着大片区域被热带原始植被覆盖，常有蝎子、眼镜蛇等剧毒动物出没；意味着勘测、食宿、补给通通都要从零开始，勘察设计、施工组织都要开疆辟壤。

中老铁路的总里程中，桥梁占 62 km，隧道 198 km，两项加起来，占总里程的 62.7%。当地人说，"中老铁路不是铺出来的，是架出来的，是挖出来的"。中老铁路开工建设以来，很多工程都创造了老挝的历史。例如"9 020 m 的空琅村隧道、9 310 m 的那科村隧道、1 651 m 的班那汉湄公河特大桥、1459 m 的琅勃拉邦湄公河特大桥……"

3）背后的故事

（1）不愧是基建狂魔！中老铁路隧道提前贯通

2019 年 11 月 17 日，中老铁路会汉一号隧道正式贯通，比原计划提前了 43 天。而另外一条长 2 000 多米的会汉三号隧道也即将贯通。新贯通的会汉一号隧道施工最为困难。这个隧道地处中老边境，地形复杂险恶，道路崎岖不平，运输物资相当困难。所以，贯通会汉一号隧道需要超强的毅力和先进的技术。事实上，任何困难都压不垮中国人，会汉一号隧道还是顺利打通了，而且比原计划提前了一个多月。

当中老铁路会汉一号隧道提前贯通之际，老挝的邻居越南却至今为没有高铁而发愁。十几年前，越南打算修建一条"南北高速铁路"计划，为此越南找到了高铁强国——日本。但由于资金迟迟不能到位，越南与日本合作的高铁至今没有动工。

没有对比就没有伤害。就在最近，越南重新启动"南北高速铁路"的计划，但是专家们认为，现在修建铁路的成本要远远高于十几年前。如果当初不邀请日本参与，或许南北高速铁路早就修通了。亡羊补牢，为时不晚。如果越南现在寻求中国的帮助，重新规划高速铁路，以中国的技术和速度完全可以贯通越南的南北地区。要知道，越南南北十分狭长，难以管理。而修建一条贯通南北的大铁路，有利于越南对南北各省实施有效控制。问题是，越南并不相信中国，反而坚持采用日本高铁技术。

更令越南眼红的还在未来——中老铁路的下一步，就是中泰铁路。该线路全长约845 km，从万象经泰国东北地区到曼谷。目前连接曼谷和呵叻的第一段正在泰方的建设之中，中国负责设计和技术支持。

近年来，中国铁路技术发展非常快速，尤其是高铁技术超越日本，成为中国在全世界的"招牌"。中国帮助老挝修建铁路，不仅体现了大国担当，更让世界再次见识了中国铁路技术的厉害。事实证明，在铁路建设方面，中国已经站在了世界最前沿，并将自己的先进技术传播到了东南亚。中老铁路即将建成，未来坐火车即可玩遍东南亚！

（2）中老铁路为两国友谊牵线搭桥

中铁二局中老铁路制梁场项目部位于中老铁路南端老挝首都万象。在项目初期，制梁场员工曾临时租住在宋培代村村民万马尼的乡村客栈。从那时起，不管客房多紧张，万马尼都会为"老朋友"预留房间；在万马尼亲戚的婚礼、孙子的周岁庆上，也总能在"贵宾位"看到一群特殊的中国面孔，万马尼已把中国工程师视作家人看待。"中国小伙子们到我们这里修铁路，远离家乡，我们就待他们如亲人。"万马尼对记者说。

这份亲人的爱还延伸到更远的老挝最南端。2018 年 7 月老挝南部阿速坡在建水库发生溃坝事故后，中老铁路参建单位数百名建设者奔赴灾区，40 多天风雨无阻参与援建灾区桥梁，获颁老挝国家发展勋章和总理嘉奖令。

援建期间，中铁二局的物资设备存放在村民普塔湾的民房里，普塔湾就主动协助搬运物资、为日夜奋战的中国工程人员做夜宵；中铁二局队伍离开前在普塔湾房前接电线、装电灯，并在泥泞的院子里修了水泥路……2018 年 10 月，中铁二局万象制梁场赴阿速坡招工。因为有良好的民众基础，招工一呼百应，先后有 200 多名当地人到制梁场上班，解决了万象制梁场旱季施工的劳动力短缺问题。

在中老铁路全线，中国参建单位积极捐资助学、培训当地员工、义诊送药、援建道路和饮水工程等基础设施，邀请当地群众参加文体活动，也踊跃参加当地传统节庆活动。中老铁路工地上培育出了两国宝贵的友谊，这当中，中国工程人员有奉献，也获得宝贵的感悟。

在中老铁路中段的山区工地上，中国水电十四局中老铁路项目部不少中国员工夫妻长期两地分居，他们往往错过儿女成长过程中的重要时刻。项目经理徐有亮长期在工地，一有空就给女儿微信朋友圈留言……项目部的同事至今记得，在 2018 年 5 月的一天，徐有亮兴奋地宣布："女儿终于在朋友圈回复我的留言了！这是近几年我最开心的事！"

这些奉献和感悟也让参与中老铁路建设的中国员工更加珍视对老挝的友好感情和老挝人民的友谊。

张琳琳是中国水电十四局中老铁路项目部的翻译，在老挝留学后又回到老挝的大山里参与铁路建设。她对记者说："庆幸自己学的是老挝语，无论行走在老挝的任何地方，我总能感受到老挝人民对中国人的友好、对中国繁荣富强的赞许；我庆幸自己能够响应国家的号召，亲眼见证中老铁路建设给老挝人民带来的繁荣和发展。短短两年时光，我亲眼看到中老铁路建设带给老挝的巨大变化"。

中老建设者的友谊之树上还结出了美妙的爱情果实。2018 年 5 月 20 日，中老铁路项目做媒，建设工地首个跨国恋订婚仪式在万象中铁二局中老铁路项目部举行，该部职工熊应豪与老挝姑娘王妮在女方家中举办了订婚仪式，两人在中老铁路参建过程中相识、相知、相爱；在中老铁路的最北端，中铁五局项目部已经有了至少四对跨国夫妻，技术员袁志祥和在工地旁开烧烤店的老挝姑娘阿芬 2019 年 6 月迎来了爱情的结晶，听闻喜讯的项目部同事们纷纷送上祝福并热心地帮孩子取名字……

（3）中老铁路让经济活起来

中国人有句老话："要想富，先修路。"老挝国内经济长期缓慢发展，一个很重要的原因就是基础设施滞后。

老挝国土面积 23.68 万 km²，人口 650 多万，在中老铁路修建之前，只有一条 3.5 km 的铁路。坐落于老挝首都万象南部的塔纳廊火车站是这条铁路的一端，其规模仅相当于中国一个偏远小镇的火车站，将老挝与泰国边境城市廊开相连。随着中老铁路的开工建设，这一状况将完全被改变。

住在万象火车站附近的杂货店老板努克（音译）对于中老铁路充满着期望。他说："这里建铁路我们都很高兴，开通后，会有更多的游客来，生意自然会更好。即便政府征用了我们的土地，如果我们能得到足够的补偿款，生活也会随之改变，我希望有钱了可以坐火车到中国去看看。"

琅南塔省是中老铁路从中国入境老挝的第一个省，当地居民婷米蓬（音译）希望当地的农民产品能够走向国际市场。她说，老挝是农业为主的国家，老中铁路为当地农产品走出国门、走向国际市场提供了便利的条件，这将确保广大农民增收。

让人才流动起来，让产品流动起来，让经济活起来，这是中老铁路带给老挝人民最直观的感受和期盼。琅勃拉邦省的居民纳特维尔·诺拉辛认为："铁路建设好以后，可大大改善老挝国内的交通运输业，促进老中人口流动往来，这将对老挝社会经济、文化旅游、劳动人才市场提供巨大的发展空间，进一步扩大老挝内需和老中两国文化经济的共同发展与繁荣，给老挝当地人民带来实在的便利与好处。"

中老铁路如同一个引擎，将当地更多的产业链带动起来。中国铁路总公司国际公司总经理黄弟福说："这条铁路的建设，将直接拉动老挝当地工程建设、建材供应、电力、农牧业、服务业、物流等产业发展，增加民众就业，推动产业升级。同时，对促进沿线旅游、商贸、农牧业、加工业等产业发展也具有重要作用。"

当然，万象不是中老铁路的终点。中老铁路建成后，有着面向东盟更广阔的发展空间。就在中老铁路开工的同时，中老铁路中国境内段玉溪—磨憨铁路已在开工建设，有望和中老铁路同期建成。届时，泛亚铁路中线将初具雏形。中老铁路未来可与泰国、马来西亚等国的铁路连通，成为一条中国与东盟的新经济纽带。

6.2.4 塔尔电站

1）项目概况

巴基斯坦塔尔煤田Ⅱ区块煤矿和电站项目位于巴基斯坦信德省东南部塔尔沙漠地区，距离首都伊斯兰堡约 1 555 km，距离卡拉奇约为 400 km。是巴基斯坦迄今发现的最大煤区，面积为 9 000 km²，煤炭储量约 1 750 亿 t，是世界第七大、亚洲第一大褐煤矿。

图 6-15　巴基斯坦塔尔煤田Ⅱ区块电站一期项目部

（图片来源：中国经济网）

图 6-16　塔尔电站开工仪式

（图片来源：一带一路网）

图 6-17　塔尔电站项目电线塔

（图片来源：一带一路网）

2）背景与难点

巴基斯坦境内水电、风能、太阳能和煤炭资源较丰富：水电蕴藏量接近 60 000 MW；达到优良等级的风能蕴藏量可实现总发电装机 131.8 GW。虽然巴基斯坦拥有丰富的清洁能源，但总体开发程度较低，水电不足 30%，风电、太阳能刚刚起步。由于电力市场供小于求，且装机容量的可利用率低，实际送电能力仅为 17 250 MW 左右，导致巴基斯坦长期处于缺电状态，依赖进口石油和天然气进行火力发电，巴基斯坦政府只好采取大范围的限电措施，包括各省工厂交叉停产，暂停使用户外广告牌与霓虹灯，将部分运输及化肥生产所需天然气改为用于发电生产等，2015 年城市地区日均停电时间为 6 小时。截至 2016 年，全国仍有约 5 100 万人口处于无电的生活状态。在巴基斯坦，企业每个月遭遇停电的次数达到 75 次，用户用电的 25% 靠自备发电机，因缺电带来的商业损失高达 21%。

"我们居住的小区总是停电，一天将近 10 h。孩子们没法复习功课，我们只好出去乘凉。"巴基斯坦朋友扎希尔对记者的抱怨，也道出了当地民众的无奈。夏季来临，巴基斯坦最高气温已超过 40 ℃，而首都伊斯兰堡每天停电最长达 12 h，其他城市和偏远山区的停电时间则更长。

能源短缺、电力不足是巴基斯坦的"老大难"问题。政府每年都承诺解决这一涉及民生与社会发展的棘手问题，但始终没有落到实处。巴基斯坦能源专家披露，电力危机使巴国内生产总值增速每年放缓 3~4 个百分点，对生产造成的影响不言而喻。据巴电力公司介绍，巴基斯坦目前每天的发电量约为 1.2 万 MW，而国内对电力的需求大约为 1.6 万 MW，约有 4 000 MW 的缺口。

塔尔电站项目投产后，年均上网发电量约 45 亿 kW·h，能够满足巴基斯坦当地近 200 万户家庭用电需求，大大缓解了巴基斯坦电力短缺现状，改变巴基斯坦依赖进口石油和天然气进行火力发电的窘境，将对促进巴国经济发展、改善当地民生产生深远影响。

项目共建 2 套 330 MW 亚临界循环流化床燃煤机组，采用一次中间再热、双缸双排气、单轴凝汽式，炉内脱硫工艺。循环流化床燃烧由燃烧室、分离器及返料器组成主循环回路。燃料燃烧产生的灰分及脱硫石灰石在系统中累积，在燃烧室下部形成鼓泡床或湍流床，上部形成快速床。截至目前，中国循环流化床燃烧锅炉发电容量近 1 亿 kW，总循环流化床锅炉台数大于 3 000 台，为世界第一。项目采用以燃用劣质煤和洁净燃烧技术著称的循环流化床锅炉，有效利用了塔尔煤矿 II 区块所产的褐煤，提高了能源利用效率并有效减少了大气污染。本期 2 台机组升压至 500 kV 接入电力系统，向中部和北部负荷中心供电。项目落成后将有助于缓解巴基斯坦高度依赖进口天然气和石油的局面，增强巴方依靠自有能源的能力，该项目的启动标志着中巴经济走廊能源规划、项目规划取得了重大进展。项目于 2016 年 4 月 8 日正式融资关闭，并于 4 月 11 日举行开工仪式。电站项目工期 42 个月。2016 年 7 月 9 日 14 时 18 分，巴基斯坦塔尔煤田 II 区块 2×330 MW 燃煤电站项目两台机组同时顺利通过 168 h 满负荷试运行，同日完成机组性能试验。至此，项目顺利完成所有建设目标任务，随即移交商业运行，成为巴基斯坦塔尔煤田十四个区块中首个实现商业运行的项目。168 h 满负荷试运期间，面临两台机组需同时并网、同时结束试运的严格要求，项目部发扬中设人艰苦奋斗的精神，科学分工、精细管理，对各系统与设备实时巡查，及时处理突发问题，同时克服了雨季异常天气、电网波动剧烈等重重挑战，成功保住了胜利的果实。

图 6-18　塔尔电站项目

（图片来源：一带一路网）

3）背后的故事及意义

（1）逐梦沙漠，建功塔尔电站——谢玥

图 6-19　谢玥在工作中

（图片来源：一带一路网）

天刚蒙蒙亮，沙漠里闷热的空气让人昏昏欲睡，一旁荷枪实弹的安保人员正襟危坐，一动不动。不记得这是第多少次从巴基斯坦卡拉齐到塔尔长途奔波，9 h 的颠簸之后，车窗外一抹绿色映入眼帘。而 3 年前，谢玥初到这里进行项目现场考察时，眼前还是漫天黄沙的不毛之地，一望无际。看着这片生机盎然的绿色，她的心情顿时激动起来，因为绿色中矗立着一个“奇迹”——塔尔电站。这片绿色见证了它从无到有的艰难历程。2019 年 3 月 18 日，一期工程两台机组顺利并网发电，将很快迎来正式商业运行。这是一个民生意义重大的“一带一路”项目，建成后将大大缓解巴基斯坦电力短缺的现状。

作为中巴经济走廊的重要项目，塔尔电站位于巴基斯坦的塔尔沙漠腹地，常年风沙不断，日平均气温 40 ℃，最高可达 60 ℃。在这样恶劣的自然环境下，塔尔电站的建成无疑是一个奇迹。看着四处都是庆祝发电成功的标语，作为建设参与者，谢玥心中的自豪与骄傲油然而生，似乎忘却了高温中的汗如雨下，忘却了沙漠中的飞沙迷住双眼，忘却了自己娇嫩的皮肤晒脱了皮。在巴基斯坦这几年，谢玥全程参与塔尔项目市场开发、商务谈判、合同拟定等工作，长期处于“连轴转”的工作状态。大漠的风沙和高温，也将她锤炼成了一个更加独立、坚忍的“女汉子”。回首 3 年艰苦的建设历程，她常常在想，到底是什么支撑她一路走了下来？今天，看到矗立在眼前的“奇迹”，她豁然开朗，就是这沙漠里一点一点发生的奇迹在不断地激励着她，让青春飞扬的日子写满奋斗的“奇迹”。3 年来，谢玥早已适应了巴基斯坦的节奏和效率，适应了巴基斯坦特有的风俗文化，慢慢地喜欢上了这里。

项目附近有一个村子，曾被一场突如其来的大火损毁殆尽。看着老人、小孩那绝望无助的眼神，她和同事们拿出平时攒下的卢比和日常用品，帮助他们重建家园。这个村子渐渐恢复了往日的生气，她参与的工程也一点一点成型，她觉得奋斗很有意义，很有滋味。

塔尔煤电项目是“一带一路”旗舰项目——中巴经济走廊的优先实施项目，在项目的推进过程中得到了中巴两国政府的高度关注，习近平总书记和李克强总理分别见证了项目贷款条件书和融资备忘录的签署。该项目是“一带一路”旗舰项目——中巴经济走廊的首个煤电一体项目，也是巴基斯坦最大煤区——塔尔煤田电站项目群的首个电站项目。

（2）每一个人都是“中国形象代言人”

凌晨四点，来自中国华创的职工登上开往塔尔电厂的安保车辆，映着依稀的霓虹灯光，驶出巴基斯坦第一大城市卡拉奇。经过 8 个小时 400 多 km 的路程，穿越 200 多 km 的沙漠，职工们怀着忐忑的心情踏入厂区大门，映入眼帘的是一排排荷枪实弹的守卫，以及周围一望无际的荒凉沙漠，空旷寂静得能感受到彼此的心跳声。这不是电影大片的拍摄现场，而是巴基斯坦塔尔电厂施工工地的现场。

"进入这道门，'刑期'就正式开始喽。"他们互相打趣着，苦中作乐。帮助巴国内解决缺电限电的历史困境是他们此行的目的所在。从这里开始，他们就是名副其实的"一带一路"奋斗者了。

图 6-20　塔尔电站施工现场 1（图片来源：央视网）

图 6-21　塔尔电站施工现场 2（图片来源：央视网）

图 6-22　塔尔电站施工现场 3（图片来源：央视网）

"热"土到底有多热？1月份就已达到30 ℃的塔尔，进入3月份气温已达到39 ℃，温度将逐渐升到45 ℃以上，加上超强紫外线的"摧残"，在这样的工作环境下，DN400的管道沟下安装无论是对质量的要求，还是对施工人员来说，难度都特别大，为了保障质量过关，每一道口中方负责人都亲自把关，亲自验收，绝不允许不利于质量的情况发生。

图6-23　塔尔电站施工现场4（图片来源：央视网）

图6-24　塔尔电站施工现场5（图片来源：央视网）

高温天气下，汗水浸透了厚厚的工作服，蒸发后，在衣服上会留下一层晕染般的白渍。酷热带来的不适，并不是最可怕的，最怕的还是草丛里突然窜出来的蝰蛇和眼镜王蛇。在管沟里工作时，经常可以与它们不期而遇，若不慎被咬到，根据当地的医疗条件存活的机会几乎渺茫。因为语言不通、思维不同、工作方式不一样，常常带来沟通上的困难。说不清？那就做！

他们用最原始的肢体语言，在工作现场手舞足蹈地为巴基斯坦工作人员演示、操作、讲解。一遍不行，两遍；两遍不行，三遍……每个环节、每个步骤，中方人员都亲自做，手把手教，不厌其烦！

图 6-25　塔尔电站施工现场 6（图片来源：央视网）

该管道项目二期电厂正在筹备，施工期间常有人员来参观，他们又成了中国制造和航天文化的传播者，为考察人员精心讲解所负责的项目工程，赢得了海外友人的赞赏。

图 6-26　塔尔电站施工现场 7（图片来源：央视网）

中国企业走出去，不仅将产品技术带到了巴基斯坦，同时也代表了中国的国家形象和中国人的精神面貌。在海外，每一个人都是"中国形象代言人"。

（3）上下一心，立足岗位

图 6-27　塔尔电站职工生活区（图片来源：中国能源建设集团网）

2019 年 10 月 25 日，在中国能源建设集团安徽电力建设第一工程有限公司项目全体人员的共同努力下，巴基斯坦塔尔项目部正式入住职工生活区。项目部职工生活区成为现场同台竞技的 3 家施工单位中第一个投用，比提前和同时开工的 3 家施工单位工期领先 1 个月，充分体现了"快捷"的工作作风，得到了总包、监理的赞誉。

项目部进点之后，坚持以策划为先导，立足高标准、高起点，确保了前期准备的良好开局。项目部第一批 6 人先遣工作组抵达卡拉奇后，克服了当地正处于斋月期、安保出行限制以及政局不稳等带来的困难，采取拜访跟进和每日盘点等措施，历时 9 天完成了中转站的投用，成为各参建单位中首家投用的中转站。在开斋节结束，军方安保部队恢复护送时间表后，先遣工作组 3 人抵达了塔尔工地进行了实地查勘，及时将相关调研情况反馈公司后台。公司后台和现场前台保持紧密沟通联系，根据现场反馈调研情况，开展临建施工的策划以及各种人、机、料等资源组织准备，保证了工程有序推进。

项目施工过程中，遇到的很多困难都是始料未及的。国内施工生产遇到的困难，海外项目管理同样会遇到，国内没有的压力，海外项目管理却得想方设法去克服。有时候在国内看来只是一件小事，可在海外施工却有巨大的阻力，其压力是国内无法想象。塔尔项目施工现场距离项目卡拉奇中转站约 400 km，由军方进行封闭式管理，所有人员出行必需提前 60 小时报备，严格执行军方的出行计划，全程由军方护送往返施工现场。同时，因当地经济落后，物资匮乏，很多国内常见的物资材料在当地市场却少见，且项目施工现场所有生产、生活等各种物资材料都要从 400 km 之外的卡拉奇调配至施工现场，这些都给项目执行造成了极大困难。

项目部先遣工作组在进行卡拉奇中转站投用以及物资材料、签证、属地队伍、税费等相关调研的同时，积极与总包沟通联系，并想方设法采用如自行租赁集装箱、借宿兄弟标段宿舍、协调借住现场民工上铺等措施确保进驻现场开展工作，但均因军方出行管制等各种内外部因素限制而无法到达施工现场。在经过军方同意和现场具备临时入住条件之后，项目部第一时间抵达施工现场并进行生活区场平、围墙基础等工作。其间，项目部克服了当地文化差异、巴工人效率低下、物资紧缺以及古尔邦节、政局动荡造成的影响，通过合理策划、精心组织，有序推进生活区宿舍基础、管道安装、电缆铺设、柴发基础施工、净化水装置、监控照明安装以及室内装饰等工作。同时，提前邀请军方团部现场负责人、总包、监理、安保公司对生活区进行预验收，各方一致认为符合要求。

职工生活区的正式投用，为后续工程主体建设奠定了基础，项目部上下一心，立足岗位，全体员工以"办法总比困难多、压力大士气更高"的大无畏气概，投入项目管理，确保在同台竞技中始终保持领先，以实际行动为公司的国际化进程贡献力量。

6.2.5　吉隆坡标志塔

1）项目概况

由中建八局施工的吉隆坡标志塔高度为 452 m，于 2016 年全面施工，是"一带一路"沿线上的明星工程。建成后将是马来西亚第一高楼，也是目前中国承包商在海外开工建设的第一高楼。标志塔地下共有 4 层，地上 97 层，其距双子星大厦约 2 km，业主为马来西亚财政部和印度尼西亚穆利亚集团，合同额接近 10 亿马来西亚林吉特 (1 林吉特 ≈ 1.66 人民币)。标志塔的设计监理团队由来自美国、新西兰和马来西亚的专业公司组成，这也使得该工程成为了一个国际化程度非常高的项目。恰如其名，吉隆坡标志塔不但创造着新的城市标志，而且刷新着新的建造纪录。

2）背景与难点

吉隆坡标志塔位于吉隆坡敦拉萨国际金融中心，是该中心的核心建筑。项目主要工程量为混凝土 15 万 m³、模板 32 万 m²、钢筋 3.3 万 t、钢结构 2.2 万 t、59 部电梯。结构形式为筏板基础，厚度为 4.2 m，混凝土量约 2 万 m³；主楼地下部分为混凝土框架核心筒结构，地上部分为钢框架混凝土核心筒结构；裙楼为框架结构；标准层层高 4 m。如此庞大的施工量，高难度的施工技术，让项目开发商——印度尼西亚穆利亚集团果断地选择了中国建筑。穆利亚集团标志塔项目总监罗兰德说："在过去的 15 到 20 年里，大多数高层、超高层建筑都是在中国建成，中国的建筑商，负责建造其中的一些高楼，他们有足够的能力来建造这些高楼，我们之所以选择中国建筑，是因为他们足够出色。"

"吉隆坡标志塔项目已经在马来西亚成为一个家喻户晓的神话，代表了中国速度、中国技术和中国质量，我为此感到骄傲。"2018 年 1 月 29 日，刚刚到马来西亚上任的中国驻马来西亚大使在白天参观了标志塔项目后如是说。标志塔项目从开工伊始，就吸引了各大媒体的关注。央视纪录片《辉煌中国》、纪录电影《厉害了，我的国》、央视财经频道《环球财经连线》栏目、人民日报客户端、马来西亚当地主流媒体及 YouTube、Facebook 等网站对该项目多次报道。据不完全统计，自项目开工以来，境内外媒体报道 200 余篇（次）。

承建商中建八局在超高层建筑领域技术发展正在经历从国内领先到与国际接轨的发展阶段，项目部融合国内国际先进技术，创造性地解决超高层施工难题。

标志塔项目核心筒墙体厚 1.6 m，每层钢筋 200 余 t，马来西亚本地无法提供如此大承载力的施工平台。中建八局华南公司项目总工张业说："项目从国内引进 4 个最新型一体化液压提升物料平台安装于核心筒内部，每个平台可承受荷载 50 t，核心筒结构全部材料均可一次性堆载在平台上。"

项目还开创性设计爬模系统，将中国物料平台和国外先进爬模两者内外结合，充分发挥各自优势，成为项目"三天一层"的必备条件。总用钢量约 2.2 万 t 的钢构件均来自中国。为确保构件一次性验收合格，项目以 EBIM 云平台为支撑，以全专业 BIM 模型为核心，以"互联网+"技术、三维激光扫描技术等提前在中国将构件三维扫描。"项目 17 个月内完成了 88 层钢结构的安装，其中两道伸臂桁架层，每层仅耗时 16 天。位于 EL.433~EL.492 之间的塔冠，总用钢量 2 800 t，面对高度高、安装难、焊接量大的现实，项目团队在 2 个月就完成了安装，这些均创造了马来西亚的建筑速度新纪录。"中建八局钢结构公司项目副经理赵中原自豪地告诉记者。项目处于城市的核心地带，为了保证项目整体形象，施工电梯全布置于核心筒内，张业介绍道，"超高层垂直运输完全利用筒内施工电梯+正式电梯辅助转换，创造世界上第一例塔楼外立面无任何施工设备、无任何后做结构的超高层。"

图 6-28 标志塔设计图（图片来源：一带一路网）

标志塔 27 天完成 3 200 t 大底板钢筋绑扎；60 h 完成 20 000 m³ 底板大体积混凝土浇筑，刷新马来西亚一次性成功浇筑大体积混凝土的纪录；80 天完成地下室 7 层结构施工，顺利实现"7·23"钢柱吊装的大节点计划；600 天日夜施工，顺利实现核心筒结构封顶；其 2~3 天一层的施工速度和 1 天内完成塔吊支撑梁安装等，创造了马来西亚施工新速度；"中西结合"的爬模系统技术、413.66 m 的泵送混凝土技术和"内爬外挂"式超高层塔吊安装技术等，都开创了马来西亚超高层建筑施工的先河，完美体现了中国技术、中国速度、中国质量。项目顺利进展也引起东南亚市场的广泛关注，为中国的一带一路建设打开了市场。

3）背后的故事及意义

（1）中国速度刷新大马天际线

我国高楼建造速度创世界纪录。相信大家都还记得曾经的"深圳速度"吧？在 1982 到 1985 年，中国建筑工程队在承建深圳国际贸易中心大厦时，创下了三天一层楼的速度。这在那个时候，没有多少国家能做到。而现在，中国工程队为马来西亚修建超高层，再现"深圳速度"，刷新大马天际线，创世界首例。

中国建筑马来西亚吉隆坡标志塔项目总工程师张业告诉我们，在 2016 年 4 月 2 日正式开始全面施工时，如何"打好地基"就成了项目团队首先要解决的难题。经过大概一个月的奋战，在 2016 年 4 月 29 日，完成了 3 200 t 大底板的钢筋绑扎；5 月 2 日历经 60 个小时，一次性浇筑了 2 万 m³ 底板大体积混凝土，创造了马来西亚单次浇筑混凝土量的最大纪录。紧接着，80 天完成地下室 7 层结构施工、实现了"7·23"钢柱吊装大节点计划，

600 天日夜施工、实现核心筒结构封顶。中国建筑马来西亚吉隆坡标志塔项目执行总监卞乘伟坦言：项目团队把众多看似的"不可能"变成了"可能"。

吉隆坡的马来语原意是"泥泞河口"。这里南北丘陵环绕，西邻马六甲海峡，热带雨林气候滋养下常年温热潮湿，常有水患发生。

标志塔的建设位置位于吉隆坡市内，这里场地十分狭小，空间有限，建筑材料的运输十分艰难。要在这里建起一座 400 多 m 的摩天大楼，无异于"螺蛳壳里做道场"，十分不易。标志塔所处的位置土质松软，地下水位高，其下有厚度不规则的石灰岩层，其中还有许多裂缝、通路甚至岩溶洞穴，严重威胁基础的牢固性，对高层建筑的建设也非常不利。

为了保持摩天大楼的稳定，必须要有一个厚实的混凝土底板，将大楼几十万吨的重量均匀地分摊到地基当中。吉隆坡标志塔的实心混凝土底板面积 4 500 m^2，设计值厚达 4.2 m，钢筋用料 3 500 多 t。要建造如此庞大的筏板，需要一次性浇筑 1.9 万吨混凝土。然而，混凝土这种东西并不会乖乖听话。它在凝结硬化的过程中，会因为干燥、温度变化等原因不断地收缩。一旦这种收缩被外界约束，便会产生裂缝。对于大体积混凝土而言，如果处置不当，这种开裂的幅度会非常大，对建筑安全的影响也是致命的。

大体积混凝土的裂缝控制是建筑施工中的一项重要课题。在马来西亚，这里的建筑材料相对匮乏，在国内常用的控制裂缝所用的膨胀剂、内养护剂等材料难以获得。同时，马来西亚常年高温，这使水泥的水化速率加快，迅速地放热升温，很容易产生裂缝。

图 6-29　大体积混凝土开裂（图片来源：网易新闻）

更重要的是，混凝土不像钢材可以长期储备，它必须在搅拌站现配现用，从搅拌站到现场，搅拌车所用的时间都必须精确设计好。吉隆坡的交通状况十分复杂，搅拌车的到场时间不易设计，因此混凝土的到场状态也是不确定的。

这种复杂条件下，对大体积混凝土进行妥善的控制、养护，是一项需要大量工程经验积累的高难度操作。好在有中国国内数百栋超高层建筑大体积混凝土的施工经验加持，项目部历时 60 h，一次性成功浇筑了 1.9 万 m^3 混凝土，质量全部过硬，创造了马来西亚建筑史上单次最大方量浇筑纪录。

图 6-30　标志塔现场外形图（图片来源：一带一路网）

"与在吉隆坡同步崛起的众多高层建筑中，标志塔项目一直璀璨夺目，备受各界关注。从吉隆坡各个角度来看，这个超高层建筑正在以不可思议的速度登上天际线。这是所有参与者血、汗、泪的证明。"

（2）精雕细琢正当时

2016 年 7 月 23 日，吉隆坡标志塔钢结构主体结构开始首吊。一年来，钢结构团队 17 名管理人员团结一心，带领 132 名中国劳工，24 名外籍劳工，攻坚克难，截至 2017 年已完成 12 500 t 钢结构的安装工作。

吉隆坡标志塔的主体采用了钢框架-核心筒结构，在建筑中大量使用钢构件。钢结构的设计增加了整个结构的侧向刚度和抗倾覆性。当建筑受到横向的风力或地震力时，钢结构的横梁可以帮助其快速耗散，维护建筑的稳定。然而，钢材的强度要求、质量要求都比混凝土更高，钢构件的加工、定位、安装更是要求精度很高，差上 1 cm，螺栓孔就对不上了。

图 6-31 技术展示图（图片来源：网易新闻网）

除此之外，焊接质量是钢结构质量最重要的环节。吉隆坡标志塔焊接工作量大，有 40% 钢板厚度大于 40 mm，部分材质为高强度 S460 材质，对焊工的技术要求较高。吉隆坡常年高温，焊工需要在密闭空间连续作业数小时，克服炎热、多雨天气，对焊接质量控制是一个极大的挑战。在如此复杂的条件下，现场焊缝无损检测合格率高达 99%。

面对核心筒内钢构件数量多，施工环境复杂，无法用塔吊吊装，安装难度大，危险性高等困难。项目部编制了多种安装方案，合理利用手拉葫芦、卷扬机、扁担梁、电动吊篮等技术措施，安全高效地展开了核心筒内构件的安装。

特别是伸臂桁架层的施工工期紧，其间要穿插爬模修改，在塔吊运力不足的情况下，项目部通过优化施工方案，在充分的准备工作下，不到 20 天的时间就完成了伸臂桁架层的安装。艰辛的汗水换回了成功的喜悦，业主和监理对钢结构专业给予了很高的评价："专业、高效。"首道桁架层完成为核心筒结构封奠定了坚实的基础。

图 6-32 施工中的伸臂桁架层（图片来源：网易新闻网）

（3）中联重科新涂装塔机 L500 海外首秀

标志塔采用了中国与奥地利联合研发的智能爬模平台，实现了核心筒的快速施工。在早期，施工速度为 5 天一层；经过工序优化后达到 4 天一层；在 49 层以上的部分，施工速度稳定在 3 天一层；而在后期快封顶时，速度则达到了惊人的 2 天一层。

项目的投资方专门采购了两台中联重科 L500-32 型内爬塔机用于吉隆坡标志塔的建设。L500-32 型内爬塔机在国内外很多工地进行过施工，其稳定、精准、安全的性能在马来西亚市场享有良好的口碑。它配置电子显示系统，方便查看吊臂角度和吊钩高度，操作方便。在控制上，这种塔机采用无级变速方式，动作平稳，更适合钢结构的吊装施工。

图 6-33　L500-32 型塔机（图片来源：网易新闻网）

这种爬塔机可以外挂在建筑中间的核心筒上，随着建筑越盖越高而一级一级向上爬。它几乎会参与到建设的整个周期中，全年无休，一旦出了故障就会拖延整个工程的工期，因此，施工对设备的可靠性要求极高。此外，由于它设置在核心筒上，被外部的钢结构遮挡，因此不会突兀地显露在外面影响美观，产生的噪声也会被建筑本身所削弱。该项目是世界上建造速度最快的超高层钢结构建筑。

此外，大楼施工采用的是核心筒内施工电梯加正式电梯辅助转化技术，是世界上第一例塔楼外立面无任何施工设备的超高层。这种使用内置电梯的模式虽然技术要求高，造价也相对较高，但安全性好，而且其均在建筑内部运行，不会影响建筑的外观。

大楼一共设置了四架施工电梯。它们把工人和施工工具运送到建筑顶端的施工平面上，下班时再将工人运送下来，餐食以及临时需要的器材也会通过电梯运送上去，免得工人上下奔波。对于大多数情况而言，其效率显著高于用塔吊慢慢吊装上去。标志塔还是世界上第一例塔楼外立面无任何施工设备的超高层建筑，在保障建筑速度的同时，对城市景观几乎没有影响。

（4）一切技术的核心是人

对于大楼的建设，一切先进的装备本质上都是第二位的，最核心的要素是人。在高峰建设时段现场2 000多人的施工团队也同样成了该项目的管理难点。除了400多名中国员工外，另有1 500多名来自越南、孟加拉国以及印度尼西亚的建筑工人。如此复杂的团队构成，所面临的文化、宗教等差异也可想而知。项目部充分尊重了各方的宗教、文化习惯，在现场设置了祈祷室以及划分了专门的居住区域，使得施工现场的氛围十分融洽。而且，项目部专门在外籍工人中开展月度安全之星评选活动，极大地增加了外籍工人的安全意识，提高了他们的积极性。中建的努力也得到了回报，标志塔项目曾在2016年和2018年分别获得马来西亚职业健康与安全卓越金奖和英联邦安全委员会颁发的2018年度国际安全优异奖。在大楼建设中，包括电梯、塔吊等在内的多项技术，中国企业方面不仅不进行技术封锁，反而积极推广，力求形成国际规范，并在马来西亚当地积极培养人才。在当地，中国建筑不仅招聘外籍劳工，同时还和很多当地中间商合作，在很大程度上拉动了当地建筑行业的发展。一些本来没有工作的当地劳工，在中国建筑的项目工地上学会了技术，也赚到了自己应得的报酬，获得了尊严。

中国的建设企业在海外不仅为当地的城市带去了质量过硬的建筑，还为当地人带去了勤劳致富的希望。

参考文献

［1］张忠耀．坦赞铁路简介［J］．资厂科技．2001(2)：47-48.

［2］沈喜彭．中国援建坦赞铁路研究［M］．合肥：黄山书社，2018.

［3］陈晓晨．寻路非洲——铁轨上的中国记忆［M］．杭州：浙江大学出版社，2014.

［4］罗维一．坦赞铁路运营管理［M］．北京：中国铁道出版社，2010.

［5］彭牧青．"一带一路"背景下中国对老挝援助及投资减贫效应［J］．山西财经大学学报，2020(S2)：22-24，42.

［6］薛陈利，张会琼，邹滔，等．中老铁路经济廊带生态质量及其与人类活动的关系［J］．应用生态学报，2021，32(2)：638-648.

［7］郭欣．"一带一路"背景下中巴经济贸易研究［J］．北方经贸，2019(4)：28-29.

［8］伏威，程琦．浅议总体规划对国外"一址多厂"电站项目的重要性——以巴基斯坦塔尔电站项目为例［J］．中外建筑，2019(3)：113-115.

［9］朱梓烨．"一带一路"上的超高层里程碑中国建筑：用中国品牌中国标准刷新海外天际线［J］．国资报告，2017(5)：61-64.